Reena Patel
V. A. Solanki

Micoflora de sementes de arroz e seu manejo

Reena Patel
V. A. Solanki

Micoflora de sementes de arroz e seu manejo

ScienciaScripts

Imprint

Cover image: www.ingimage.com

This book is a translation from the original published under ISBN 978-3-659-59220-1.

Publisher:
Sciencia Scripts
is a trademark of
Dodo Books Indian Ocean Ltd. and OmniScriptum S.R.L publishing group

120 High Road, East Finchley, London, N2 9ED, United Kingdom
Str. Armeneasca 28/1, office 1, Chisinau MD-2012, Republic of Moldova, Europe
Managing Directors: Ieva Konstantinova, Victoria Ursu
info@omniscriptum.com

Printed at: see last page
ISBN: 978-620-8-40473-4

Dedicando-se a...

OS MEUS QUERIDOS PAIS

E

a MINHA IRMÃ

MICOFLORA DE SEMENTES DE ARROZ *[Oryza sativa* L.] E SEU MANEJO

Nome do estudante: **Patel Reenabahen Arvindbhai**
Orientador principal: **Dr. V. A. Solanki**

DEPARTAMENTO DE PATOLOGIA VEGETAL

N. M. FACULDADE DE AGRICULTURA

UNIVERSIDADE AGRÍCOLA DE NAVSARI

NAVSARI 396 450

RESUMO

O arroz (*Oryza sativa* L.) é o alimento básico mais importante consumido por mais de sessenta por cento da população mundial. No sul de Gujarat, a cultura do arroz é cultivada durante a época da kharif e também no verão. Depois de colhidas, as sementes de arroz são armazenadas para o ano seguinte; os fungos que infectam as sementes são um dos principais factores de limitação das sementes de arroz durante o armazenamento. As sementes infectadas germinam mal e podem ser uma grande fonte de inóculo para as novas culturas que delas provêm.

Por conseguinte, foi realizada uma investigação sobre a micoflora de sementes de arroz e a sua gestão durante 2015 -16 com o objetivo de conhecer a associação da micoflora de sementes durante o armazenamento e o seu efeito na germinação, índice de vigor com diferentes materiais de embalagem e tratamentos de sementes em variedades populares de arroz.

As amostras de sementes de cinco variedades de arroz, GR-4, GNR-3, GNR-4, Gurjari e NAUR-1, foram adquiridas na Main Rice Research station, Navsari Agriculture University, para uma experiência destinada a conhecer a associação da micoflora das sementes às sementes de variedades populares de arroz durante o armazenamento a curto prazo.

A micoflora das sementes foi determinada pelo método padrão do papel mata-borrão e pelo método da placa de ágar. Foi registada uma diferença significativa entre os dois métodos. O método do papel mata-borrão produziu uma percentagem mais elevada de micoflora de sementes antes (10,65%) e após 8 meses de armazenamento (67,11%) do que o método da placa de ágar. Entre as variedades, a micoflora de sementes significativamente mais elevada foi registada na variedade de grão longo e fino NAUR-1, inicialmente (10,12%) e após 8 meses de armazenamento (66,15%). Por outro lado, a percentagem mais baixa de micoflora das sementes foi observada inicialmente (6,78%) e após 8 meses de armazenamento (53,10%). As três variedades restantes, a saber, GR-4, GNR-3 (grão fino) e Gurjari (grão grosso), foram iguais à NAUR-1.

A interação dos métodos de isolamento e das variedades também foi considerada significativa. A percentagem mais baixa de micoflora das sementes foi registada na variedade GNR-3 pelo método do papel mata-borrão (51,90%) após 8 meses de armazenamento. Além disso, a micoflora média mais baixa das sementes foi registada na variedade GNR-3 nos métodos do papel mata-borrão e da placa de ágar, respetivamente, com 39,40% e 24,12%. A maior percentagem de tendência de aumento da micoflora das sementes foi registada na variedade NAUR-1 desde o início até aos 8 meses de armazenamento.

Verificou-se que um total de 3 géneros de fungos estavam associados às amostras de sementes de diferentes variedades de arroz antes do armazenamento. Os fungos associados foram *Aspergillus flavus, Aspergillus niger, Curvularia lunata, Curvularia* sp., *Fusarium moniliforme* e *Fusarium* sp. O fungo *Curvularia lunata* foi o mais predominante, com uma frequência de 25,71%, seguido de *Fusarium moniliforme* (18,10%). *Curvularia lunata, Fusarium moniliforme, Aspergillus flavus* e *Aspergillus niger* foram os fungos mais frequentemente isolados, independentemente das variedades de arroz.

Após 8 meses de armazenamento, verificou-se que o total de 4 géneros de fungos foi isolado com sementes de variedades de arroz. Verificou-se que o número de fungos aumentou durante o período de armazenamento. No total, 10 espécies de fungos, *nomeadamente Aspergillus candidus, Aspergillus flavus, Aspergillus nidulans, Aspergillus niger, Aspergillus* sp., *Cheatomium* sp., *Curvularia lunata, Curvularia* sp., *Fusarium mon iliforme* e *Fusarium* sp. Entre eles, o mais predominante foi *Curvularia lunata* (19,46%), seguido por *Fusarium moniliforme* (16,77%). Foi registada uma incidência mínima (6,29%) de *Aspergillus nidulans.* A frequência mais elevada (23,05%) foi observada na variedade NAUR-1 e a mais baixa (17,07%) na GNR-3.

A humidade média por cento das sementes mostrou diferenças significativas entre as variedades. A humidade média mais baixa das sementes (11,13%) foi registada na variedade de grão fino GNR-4. As variedades Gurjari, GR-4 e GNR-3 estavam a par da GNR-4. A humidade média mais elevada das sementes (12,90%) foi registada na variedade de grão longo e fino NAUR-1. A maior tendência de aumento da humidade foi observada na variedade NAUR-1 e a menor na variedade GNR-4. Os coeficientes de correlação entre as variedades de arroz mostraram uma correlação altamente positiva entre a humidade das sementes e a micoflora das sementes.

Foi observada uma diferença significativa na percentagem de germinação das sementes e no índice de vigor de várias variedades de arroz. Verificou-se que a percentagem de germinação das sementes diminuiu durante 8 meses de armazenamento em cinco variedades de arroz. A maior percentagem de germinação de sementes foi registada na GNR-3 (96,16%), seguida da Gurjari (94,41%) e da GR-4 (94,30%). A percentagem mais baixa de germinação de sementes foi registada na NAUR-1 (89,91%). A GNR-4 ficou a par da NAUR-1.

Verificou-se que o índice de vigor aumentou durante o armazenamento, o índice de vigor mais elevado foi registado nas sementes arrojadas da GNR-3 (1582,69), seguido da Gurjari (1526,58) e o índice de vigor mais baixo foi registado nas sementes finas da GNR-4 (1445,14). A maior tendência decrescente foi registada na variedade NAUR- 1 e a menor na variedade GNR-3 e o maior aumento do índice de vigor foi registado na variedade GNR-3 de grão arrojado e o menor na variedade GNR-4 de grão fino.

Verificou-se que a percentagem de micoflora das sementes está significativamente correlacionada de forma negativa com a percentagem de germinação das sementes, independentemente das variedades de arroz. Por outro lado, o índice de vigor mostrou uma correlação positiva altamente significativa com a percentagem de micoflora das sementes.

Na experiência de gestão, a diferença significativa entre os materiais de embalagem das sementes, os tratamentos de sementes e as suas interações foi significativa para a incidência da micoflora das sementes. A menor (25,30%) incidência de micoflora de sementes foi encontrada em sementes armazenadas em sacos de artilharia e a maior (32,40%) em sacos plásticos.

As sementes tratadas com materiais vegetais e fungicidas foram significativamente superiores às sementes não tratadas. A micoflora de sementes mais baixa (19,07%) foi observada nas sementes tratadas com thiram entre todos os tratamentos. Do tratamento de sementes com materiais vegetais, o pó de folhas de nim registou a micoflora de sementes mais baixa (24,01%) em comparação com outros tratamentos de sementes com materiais vegetais. Seguiu-se o pó de folhas de rícino (29,66%) e não houve diferença significativa entre os tratamentos com pó de folhas de nim e de rícino. Mas foi encontrada uma diferença significativa entre o thiram e os tratamentos com materiais vegetais. As sementes tratadas com thiram e armazenadas em sacos de artilharia apresentaram a menor micoflora de sementes (15,65%). As sementes tratadas com pó de folhas de nim e armazenadas em saco de artilharia apresentaram menor incidência de micoflora de sementes (19,91%), que foi igual à das sementes tratadas com pó de folhas de nim e armazenadas em saco de pano.

A humidade das sementes mais baixa (11,80%) foi encontrada nas sementes armazenadas em sacos de artilharia e a mais alta (12,91%) em sacos de plástico. As sementes tratadas com materiais vegetais e fungicidas foram significativamente superiores às sementes não tratadas. A umidade mais baixa (12,14%) foi observada nas sementes tratadas com thiram entre todos os tratamentos. Do tratamento de sementes com materiais vegetais, o pó de folhas de nim registou a humidade de sementes mais baixa (12,15%) em comparação com outros tratamentos de sementes com materiais vegetais. Seguiu-se o pó de folhas de mamona (12,27%) e não houve diferença significativa entre os tratamentos com pó de folhas de nim e de mamona.

A maior germinação de sementes (93,47%) e o índice de vigor (1487,40) foram encontrados em sementes armazenadas em sacos de artilharia. Por outro lado, a germinação mais baixa (88,64%) e o índice de vigor (1302,14) foram observados em sacos plásticos. A germinação de sementes mais alta (93,21%) e o índice de vigor (1523,73) foram encontrados no tratamento de sementes com thiram, que foi igual ao tratamento de sementes com pó de folhas de nim. As sementes tratadas com thiram e armazenadas em sacos de artilharia mostraram maior germinação de sementes (95,53%) e índice de vigor (1613,57) do que outras combinações de tratamentos. Isto foi igual ao tratamento de sementes tratadas com pó de folhas de nim e armazenadas em sacos de artilharia.

Dr. V. A. Solanki

Professor e Diretor

Departamento de Patologia Vegetal

Universidade Agrícola de Navsari

Navsari - 395 450

CERTIFICADO

Certifica-se que a tese intitulada MICOFLORA DE SEMENTES DE ARROZ *[Oryza sativa* L.] AND IT'S MANAGEMENT apresentada por **PATEL REENABAHEN ARVINDBHAI** em cumprimento parcial dos requisitos para a obtenção do grau de MESTRE **EM CIÊNCIA (AGRICULTURA)** na disciplina de **PATOLOGIA DE PLANTAS** da **UNIVERSIDADE AGRÍCOLA DE NAVSARI**, é um registo de um trabalho de investigação genuíno realizado por ele sob a minha orientação e supervisão e a tese não serviu anteriormente de base para a obtenção de qualquer grau, diploma ou outro título semelhante.

Local : Navsari **(V. A. Solanki)**

Data: 5-JULHO-2016 **Orientador principal**

DECLARAÇÃO

Declaro que todo o trabalho de investigação apresentado na tese em cumprimento parcial dos requisitos para a obtenção do grau de MESTRE **EM CIÊNCIA (AGRICULTURA)** em **PATOLOGIA VEGETAL** pelo abaixo assinado é o resultado de investigações efectuadas por mim sob a orientação e supervisão diretas do **Dr. V. A. Solanki**, Professor e Chefe do Departamento de Patologia Vegetal da Universidade Agrícola de Navsari, Navsari, e que nenhuma parte do trabalho foi apresentada para qualquer outro grau até à data.

Local : Navsari
Data : 5-JULHO-2016 **(PATEL REENABAHEN A.)**

Contra-assinado por

(V. A. Solanki)
Professor e Diretor
Departamento de Patologia Vegetal
Universidade Agrícola de Navsari
Navsari- 396 450

RECONHECIMENTO

Todo o louvor a Deus, grande benevolente, sempre misericordioso. Deus encheu-me de coragem e confiança para cumprir a tarefa desejada. As dedicações humildes são a personalidade perfeita do universo de todos os tempos.

Tudo tem a sua própria beleza, mas nem toda a gente consegue ver sem observação crítica e grande visão. Não é possível encontrar palavras adequadas no léxico atualmente disponível para referir a excelente orientação dada pelo meu orientador principal, ***Dr. V.A.Solanki,*** *Professor e Chefe do Departamento de Patologia Vegetal, Universidade Agrícola de Navsari, Navsari, quando embarcámos nesta viagem e nos apercebemos da magnitude de várias actividades pormenorizadas, começando pelos manuscritos. A tese não teria assumido esta forma sem os esforços sinceros, incansáveis e dedicados desenvolvidos por ele, que foi uma fonte constante de inspiração pelas suas sugestões úteis, orientação inestimável, conselhos construtivos e ajuda sem reservas, que serviu de luz de aviso durante todo o período de estudo do curso, bem como do trabalho de investigação.*

Agradeço aos membros do meu comité consultivo, ***Dr. L.V.Ghetiya,*** *Professor Associado (Departamento de Entomologia Agrícola),* ***Dr. K B. Rakholiya,*** *Professor Associado (Departamento de Patologia Vegetal) e* ***Prof.*** *J. R. Naik, Professor Associado (Departamento de Estatística Agrícola) pelas suas valiosas sugestões e críticas construtivas no decurso deste inquérito.*

Expresso os meus sinceros agradecimentos ao ***Dr. Lalit Mahatma,*** *ao* ***Prof. Danny Tandel,*** *ao* ***Dr. J. R. Pandya,*** *ao* ***Prof. Pathik Patel, Rupalben, Nitalben, Nainaben, Ishwarbhai, Harshadbhai, Hiteshbhai*** *e todos os outros membros do pessoal do Department of Plant Pathology e do Department of Agril Entomology, Navsari, pelo seu valioso incentivo e apoio moral durante o meu período de estudo. Agradeço igualmente à* ***Dra. Sonal Tripathi*** *e ao* ***Dr. G. G. Patel*** *por terem disponibilizado todas as instalações necessárias para a análise do teor de humidade das sementes no Central Laboratory, Navsari, com a sua ajuda direta e indireta. Além disso, agradeço à* ***Sra. Vanitaben*** *pela sua ajuda direta ou indireta.*

Agradeço também ao ***Dr. A. N. Sabalpara*** *(Diretor de Investigação e Reitor da PGS), ao* ***Dr. M. K. Arvadia*** *(Reitor) e às autoridades da Universidade Agrícola de Navsari, Navsari, por me terem proporcionado esta oportunidade valiosa e de ouro para melhorar as minhas qualificações na disciplina de Fitopatologia.*

Embora os agradecimentos sejam tabu na amizade, a minha consciência não me permite abster-me de expressar o meu sentimento sincero para com os meus queridos amigos ***Rjnky, Nidhi, Sneha, Priyanka, Vanthna, Pratibha, Karishma, Sandhya, Sagar, Tusar, Vinu, Kamlesh, Tabis, Tradip, Chela bhai, Chavda, Vipuh, Trabhat*** *e os meus colegas mais velhos* ***Mital didi, Mulji bhai, Ankjt bhai, Jitendar Sharma, Manisha Sinde*** *e os meus colegas mais novos* ***Sanket*** *e* ***Hasmukh*** *Os meus amigos de infância* ***Alpita, Nalina, Talguni, Akta (Anna), Dhaval (P2), Chirag, Kevin*** *e muitos outros que estão no meu coração pela sua excelente companhia, afeto e cooperação. Todos estes amigos são tão íntimos que me parece estranho dizer-lhes "obrigado", mas estarei sempre disposto a ajudá-los sempre que a oportunidade surgir.*

Expresso a minha sincera gratidão ao meu pai, ***Sr. Arvindbhai Tatel,*** *e à minha mãe,* ***Smt. Bhagvatiben Patel, ao meu pai, Sr. Ishwarbhai,*** *pelo seu amor eterno, encorajamento constante, apoio nas orações e sacrifícios, sem os quais este sonho não se poderia ter tornado realidade. Estão presentes em cada passo do caminho; deram-me a mão* *durante toda a longa viagem, são verdadeiramente o vento sob as minhas asas. Desejo também exprimir a minha profunda gratidão e respeito aos membros da minha família, como os meus irmãos mais novos* ***Nimesh (Tinabhai), Bhavesh (Bhavubhai), Chetan (Che2 bhai)*** *e a minha irmã mais velha* ***Jigi*** *e o meu irmão mais novo* ***Tushar (Tuski)*** *e os meus queridos sobrinhos* ***Mahek, Daksh*** *e* ***Jai****, pelo amor contínuo, inspiração, encorajamento, apoio moral e sacrifício pessoal a todos os níveis possíveis.*

Agradeço também ao ***Dr. C. L. Patel,*** *ao* ***Dr. Ajit Bafna,*** *ao* ***Dr. T. V. Patel****, ao* ***Dr. O. T. Sharma*** *e ao* ***Dr. Jagdish Udutha*** *pelo seu valioso apoio e suporte moral durante o meu período de estudo.*

Por último, mas não menos importante, um milhão de agradecimentos à ***"Natureza"*** *que me ajudou a realizar esta tarefa e fez com que cada jo b fosse um sucesso para mim.*

Local : Navsari
Data : 5-JULHO- 2016 (Patel Reenabahen Arvindbhai)

ÍNDICE DE CONTEÚDOS

CAPÍTULO 1: INTRODUÇÃO

O arroz é a semente das espécies de gramíneas *Oryza sativa* L. (arroz asiático) ou *Oryza glaberrima* L. (arroz africano). Sendo um cereal, é o alimento básico mais consumido por uma grande parte da população mundial, especialmente na Ásia. É o produto agrícola com a terceira maior produção mundial, depois da cana-de-açúcar e do milho (Anon., 2012). A partir da Ásia Oriental, o arroz espalhou-se para o Sudeste e o Sul da Ásia. O arroz foi introduzido na Europa através da Ásia Ocidental e nas Américas através da colonização europeia.

O arroz (*Oryza sativa* L.) é conhecido por Chawal (Uttar Pradesh, Madhya Pradesh, Bihar), Dangar (Gujarat), Bhatt (Maharashtra), Valdu (Arunachal Pradesh), Dhan (Bengala Ocidental), Chaul (Punjab), Shali (Jammu & Kashmir) e Nellu (Tamil Nadu, Kerala). Pertence à família das gramíneas: Poaceae, subfamília: Oryzaidae.

O arroz é a segunda cultura cerealífera mais importante do mundo, a seguir apenas ao milho, com base na produção. Globalmente, o arroz é cultivado em cerca de 157,8 milhões de hectares (Anon., 2014[a]) e a produção é superior a 200 milhões de toneladas métricas. A China é o principal produtor mundial de arroz, enquanto a Índia é o país com a maior área de cultivo de arroz (Anon., 2014[b]). Na Índia, foram cultivados 44 milhões de hectares com uma produção anual de 104 milhões de toneladas em 2014-15 (Anon., 2014[c]).

O arroz é cultivado em Gujarat em cerca de 787 mil hectares e a produção é de 1616 mil toneladas métricas com uma produtividade de 2054 kg/ha em 2013-14 (Anon., 2014[d]). As taxas de crescimento da área, produção e produtividade do arroz durante 1982-83 a 2011-12 foram de 0,41, 1,25 e 0,83 por cento por ano, respetivamente (Singh *et al.* 2014).

No Sul de Gujarat, o arroz é cultivado em cerca de 2918 hectares e a produção é de 6076 toneladas métricas com uma produtividade de 2082 kg/ha durante 2011-12 (Anon., 2013). O Sul de Gujarat é uma importante área de cultivo de arroz do estado, pertencente aos distritos de Dang, Valsad, Navsari e Surat. Estes distritos ocupam a área máxima de cultivo de arroz do estado, onde a cultura é cultivada principalmente na época da kharif e no verão. A razão é bastante óbvia, uma vez que a irrigação está disponível durante todo o ano através da área de comando de Ukai-Kakrapar, o que torna a situação favorável à cultura do arroz, mesmo para uma dupla colheita num ano. Assim, duas colheitas num ano, juntamente com melhores preços de mercado, impulsionaram a condição económica dos agricultores que cultivam arroz nos distritos de Valsad, Navsari e Surat (Kakde e Patel, 2014). As variedades populares cultivadas no sul de Gujarat são Dandi, Gurjari, Jaya, IR-28, GR-4, Masuri e NAUR-1 (Anon.,2015[a]).

O valor nutritivo do arroz é uma boa fonte de proteínas, fósforo e ferro. Contém também alguma quantidade de cálcio. A maior parte dos nutrientes e minerais do arroz está concentrada nas camadas castanhas exteriores, conhecidas como casca e gérmen. Por conseguinte, o arroz integral, que é o arroz ao qual só foi retirada a casca, é o tipo de arroz mais nutritivo. Tem cerca de 345 calorias por 100 gramas e vitamina B em pequena quantidade (Anon., 2015[b]). Contém proteínas 6,8 g, hidratos de carbono 78,2 g, gordura 0,5 g, fibra bruta 0,2 g, matéria mineral 0,6 g, cálcio 1 g e fósforo 16 g por 100 g (Mangalarai e Mauria, 1999).

A baixa produção da cultura do arroz é influenciada por vários factores, *nomeadamente* a falta de variedades resistentes a doenças e pragas de alto rendimento, a utilização inadequada ou excessiva de fertilizantes, a má gestão da água e a não adaptabilidade das estratégias de gestão recomendadas (Siddiq, 2000). Na Índia, as perdas anuais de culturas são estimadas em cerca de Rs. 6000-7000 crores, sendo a contribuição das doenças de 26%, das ervas daninhas de 23%, dos insectos de 20% e das aves e dos nemátodos o restante (Raju, 2000).

Também referiu que o arroz está infetado por mais de 220 espécies de fungos, 14 vírus, 12 espécies de bactérias e duas doenças causadas por fitoplasmas (micoplasmas).

A deterioração das sementes durante o armazenamento é um processo gradual e suscetível de ser investido, causando perdas consideráveis. As sementes tendem a perder a viabilidade e o vigor durante o armazenamento, pelo que a informação sobre a capacidade de armazenamento dos lotes de sementes desde a colheita até à época de plantação seguinte e também para efeitos de transferência é de enorme importância em qualquer programa de produção de sementes. Mais de 50 patógenos fúngicos foram relatados como sendo transmitidos por sementes em arroz (Agrawal 1999). Dos fungos envolvidos, espécies de *Alternaria, Aspergillus, Ceratobasidium, Cercospora, Cochliobolus, Curvularia, Dreschslera, Fusarium, Gaeumannomyces, Microdochium, Penicillium, Pyricularia,*

Pythium, Rhi- zoctonia, Rhizopus, Sclerophthora, Trichoderma e *Tricoconella* são os associados mais comuns no arroz em todo o mundo, causando pré e pós-infecções e perdas consideráveis de qualidade, nomeadamente, foram registados abortos de sementes, podridão de sementes, necrose de sementes, redução ou eliminação da capacidade de germinação, danos nas plântulas e o seu valor nutritivo (Miller 1995; Janardhana *et al.* 1998; Kavitha *et al.* 2005).

A maior parte dos fungos de armazenamento são espécies de *Aspergillus* e *Pen icillium*. Estes fungos podem diminuir a capacidade de germinação das sementes, causar descoloração das sementes e reduzir o peso das sementes. Produzem toxinas que podem ser prejudiciais para o homem e para os animais domésticos (Neergard, 1986, Uma e Wesely, 2013).

A micoflora das sementes tem sido reconhecida como um importante fator responsável pela deterioração da qualidade das sementes durante o armazenamento. Assim, tendo em conta a elevada pluviosidade, a elevada humidade e a principal cultura da região, a presente investigação foi escolhida para conhecer a associação fúngica com sementes de variedades populares de arroz armazenadas a curto prazo (ou seja, menos de um ano) e o seu efeito na germinação e no vigor das sementes. Foram realizados os seguintes aspectos

1. Mycoflora associada a sementes de diferentes variedades de arroz
2. Isolamento e identificação dos fungos predominantes
3. Efeito sobre a germinação e o vigor das sementes
4. Gestão ecológica da micoflora das sementes de arroz

CAPÍTULO 2: REVISÃO DA LITERATURA

O presente estudo centrou-se nos testes de sanidade das sementes de arroz durante o armazenamento a curto prazo, tendo como principais aspectos o isolamento de fungos transmitidos pelas sementes e o seu efeito na germinação, no vigor e na sua gestão ecológica. A literatura disponível relacionada com a presente investigação é analisada e descrita a seguir.

2.1 Isolamento e identificação da micoflora das sementes

A avaliação da presença de fungos nas sementes é efectuada através do método padrão do mata-borrão e do método da placa de ágar, em conformidade com as regras internacionais de ensaio de sementes estabelecidas pela Associação Internacional de Ensaios de Sementes (ISTA). Os métodos do mata-borrão e/ou da placa de ágar detectam a maior parte dos fungos. Alguns fungos de crescimento lento são melhor observados num blotter. Estes dois métodos e a sua comparação são analisados a seguir.

Gopalakrishnan *et al.* (2010) isolaram o agente patogénico fúngico das sementes utilizando o método padrão de papel mata-borrão e identificaram as espécies fúngicas com base nas chaves de identificação do manual de referência de Barnett e Hunter (1972). No total, foram identificados 8 géneros de fungos, *nomeadamente Alternaria, Aspergillus, Bipolaris, Chaetomium, Curvularia, Fusarium, Sarocladium* e *Trichoderma*, sendo que o fungo mais predominante foi *Bipolaris oryzae* (58,89%), seguido de *Alternaria padwickii* (52,96%).

Butt *et al.* (2011) estudaram a ocorrência de micoflora transmitida por sementes utilizando o método de papel mata-borrão em grãos armazenados de cinco variedades de arroz. Identificaram quatro espécies de fungos, nomeadamente *Fusarium moniliforme, Alternaria* sp., *Helminthosporium* sp. e *Curvularia* sp. e também registaram 27%, 19%, 17%, 16% e 14% de micoflora total de sementes associada a sementes de Basmati kernel, Basmati-385, Basmati-370, Basmati-198 e KS-282, respetivamente. Os fungos mais predominantes encontrados foram *Fusarium moniliforme* (11%) e *Alternaria* sp. (7,5%).

Mohana *et al.* (2011) recolheram um total de 40 amostras de sementes de diferentes cultivares de arroz de diferentes regiões agroclimáticas do sul da Índia e isolaram os agentes patogénicos fúngicos das sementes através do método padrão do papel mata-borrão e do método da placa de ágar, identificando-os até ao nível da espécie utilizando as chaves fúngicas de Booth (1997), Leslie e Sümemberg (2006) e Naga Maini (2006). As espécies fúngicas identificadas *são Drechslera oryzae, Curvularia lunata, Aspergillus n iger, A lternaria alternata, Aspergillus flavus, Curvularia lunata, Drechslera oryzae, D. halodes, Fusarium moniliforme, Pyricularia oryzae* e *Trichocon is padwickii*, em que a espécie de fungo mais predominante foi *Drechslera oryzae* (82,5%), seguida de *Curvularia lunata* (67,5%) e *Aspergillus niger* (65%).

Ora *et al.* (201 1), no Bangladesh, avaliaram as sementes de variedades de arroz híbrido cultivadas em relação a agentes patogénicos transmitidos pelas sementes e verificaram que o número de ocorrências de fungos era mais elevado no método do mata-borrão do que no método da placa de ágar.

Os fungos foram identificados com base nas chaves de identificação sugeridas por Neergaard e Saad (1962); Malone e Muskettee (1964); Booth (1971); Ellis (1971); Chidambaram e Mathur (1975) e Mathur e Kongsdal (2003[a]). Os agentes patogénicos identificados foram *Xanthomonas oryzae, Rhizopus stolonifer, Aspergillus* spp., *Fusarium moniliforme, Phoma* sp., *Bipolaris oryzae, Curvularia lunata, Penicillium* sp, *Alternaria tenuissima, Nigrospora oryzae, Chaetom ium globosum* e *Tilletia barclyana*, nas quais *Xanthomonas* spp., *Rhizopus stolon ifer, Aspergillus* sp. *Bipolaris oryzae* e *Fusarium moniliforme* foram considerados predominantes na maioria das variedades.

Utobo *et al.* (20 11) estudaram os fungos transmitidos por sementes associados a oito variedades de arroz híbrido (H) e três variedades de arroz de controlo local (LC) através da utilização do método padrão de blotter. O fungo mais frequentemente isolado foi *Trichoconis padwickii* (37,14% H; 36,41% LC), seguido por *Helminthosporium oryzae* (17,14% H; 16,85% LC), *Fusarium moniliforme* (14,29% H; 14,13% LC). Os fungos foram identificados com base nos manuais de referência de identificação de Booth (1 97 1), Barnett e Hunter (1 972) e Watanabe (2002).

A deteção e identificação de fungos associados a sementes de diferentes variedades de arroz foi estudada por Hab ib *et al.* (20 12). Identificaram as espécies de fungos com base na literatura disponível de Booth (1971); Sutton (1980); Mathur e Kongsdal 2003[b]). As espécies fúngicas identificadas foram *Helminthosporium* spp. , *Alternaria alternata, Aspergillus niger, Fusarium mon iliforme, Rhizopus* spp. *Aspergillus flavus* e *Curvularia* spp.

em que a percentagem de infeção de *Helminthosporium oryzae* foi registada ao máximo nas variedades grosseiras no caso da placa de ágar (28,11%) e do método do mata-borrão (17,01%), respetivamente, em comparação com outros fungos transmitidos por sementes. No caso de variedades finas, a percentagem de infeção de *Helm inthosporium oryzae* foi significativamente mais elevada no método de placa de ágar, ou seja, 40,47%, em comparação com todos os outros fungos transmitidos por sementes. Observou-se que a percentagem de infeção de *Curvularia* spp. era muito mais elevada na técnica de papel mata-borrão.

As 69 amostras de sementes de arroz foram recolhidas em diferentes estados da Índia e o seu estado sanitário foi testado por Archana e Prakash (2013). Verificou-se que um total de dezasseis géneros de fungos, nomeadamente *Acremonium, Alternaria, Aspergillus, Bipolaris, Chaetomium, Cladosporium, Curvularia, Exserohilum, Fusarium, Microdoch ium, Nigrospora, Phoma, Pyricularia, Rhizoctonia, Rhizopus* e *Verticillium*, compreendendo 27 espécies, estavam associados às amostras de sementes de arroz, utilizando o método do papel mata-borrão. Entre elas, a mais predominante foi *Bipolaris oryzae*, que está associada a 82,08% das amostras de sementes, seguida por *Alternaria padwickii* (63,36%). A menor incidência foi observada com *Bipolaris halodes* e *Acremonium* spp.

Um total de sete fungos transmitidos por sementes foi detectado a partir de quarenta amostras de sementes de arroz, utilizando o método padrão de blotter e os fungos foram identificados com base nas caraterísticas de crescimento fúngico sugeridas por Malone e Muskettee (1964); Ramnath *et al.* (1970); Booth (1971); Khan e Islam (1975); Chidambaram e Mathur (1975) e Kulshrestha *et al.* (1976). Os fungos identificados foram *Bipolaris oryzae, Alternaria padwickii, Sarocladium oryzae, Curvularia lunata, Aspergillus niger* e *Fusarium* spp. em que os fungos mais predominantes foram *Bipolaris oryzae* (10,7%) seguido por *Fusarium* spp. (9,7%) e *Alternaria padwickii* (8,7%) (Bhuiyan *et al.* 2013).

Uma e Wesely (2013), em Tamil Nadu, observaram a frequência de espécies fúngicas em sementes de cinco cultivares de arroz, utilizando o método de ágar e papel mata-borrão, e isolaram cinco espécies fúngicas patogénicas: *Aspergillus flavus*, *A. niger, Penicillium citrin um, Alternaria padwickii e Rhizopus oryzae*, que foram identificadas com base na sua estrutura típica e nos caracteres básicos sugeridos por Barnett e Hunter (1972). Os fungos mais predominantes foram *A. flavus* (18%) e *Aspergillus niger* (17,6%).

As cinco amostras de arroz foram colhidas em diferentes locais de Allahabad, Varanasi, Mirzapur, Jaunpur e Chaundali, no distrito de Uttar Pradesh, na Índia, e foram analisadas para deteção de agentes patogénicos fúngicos utilizando o método da placa de ágar dextrose de batata. A frequência mais elevada (83,33%) de fungos foi registada na variedade de arroz Basmati-370 e a mais baixa (56,66%) na BPT-5204. Os fungos foram identificados com a ajuda dos manuais padrão de Mathur e Kongsdal (2003[a]) e identificaram-se sete espécies de fungos, nomeadamente *Penicillium, Helminthosporium* sp, *Fusarium* sp, *Aspergillus niger, Aspergillus ochraceus, Alternaria* sp e *Aspergillus clavatus* nas cinco amostras. Os fungos mais predominantes foram *Bipolaris oryzae* seguido por *Trichoconis padwickii* (Alam *et al.,* 2014).

As amostras de sementes de 28 variedades diferentes de arroz foram testadas quanto à sanidade das sementes, utilizando o método padrão do papel mata-borrão. Os fungos isolados foram identificados de acordo com o manual de referência Dematiaceous Hyphomycetes de Ellis, (1971) e as espécies fúngicas identificadas, nomeadamente *Alternaria, Bipolaris, Curvularia, Fussarium, Nigrospora, Pyricularia, Phoma* e *Tilletia,* nas quais *Curvularia lunata* (10,2%) foi considerada a espécie fúngica predominante, seguida de *Fusarium moniliforme* (6,5%) em lotes de sementes de arroz locais e em lotes de sementes de arroz importados, respetivamente (Aurangzeb *et al,* 2014).

A associação de *Fusarium mon iliforme, Fusarium* sp., *Curvularia* sp., *Aspergillus niger, Aspergillus flavus, Alternaria alternata, Bipolaris* sp, *Macrophomina phaseolina, Pen icillium* sp . e *Chaetomium* sp . na faixa de 2,50 a 38,75, 2,00 a 18,00, 2,75 a 18,25 e 2,00 a 14,50 por cento, respetivamente, foi relatado por Kotgire e Patel (20 14) a partir das espigas de sorgo usando o método de papel mata-borrão e as espécies de fungos foram identificadas com base em vários manuais de identificação de Watanabe (1993) e Booth (1998).

A comparação da diversidade fúngica do germoplasma de arroz local e exótico para a saúde das suas sementes foi estudada utilizando o método padrão de placa de ágar, bem como o método de papel mata-borrão (Ashfaq *et al.,* 2015). Os autores referiram que o método do papel mata-borrão resultou num elevado número de fungos em comparação com o método da placa de ágar. Os fungos *viz., Penicilliumglobosum* , *Rhizoctonia* sp. e *Phoma* sp. foram isolados em maior do método do papel mata-borrão em comparação com a placa de ágar. Mas a frequência percentual de *Curvularia lunata* e *Drechslera* sp. foi muito mais baixa no método do papel mata-borrão do que na placa de ágar. Os fungos isolados foram identificados com base nas caraterísticas morfológicas indicadas por Domsch *et al.* (1980) e Ellis (1976).

2.2 Efeito da humidade das sementes na micoflora das sementes

Foi encontrada uma relação significativa entre os fungos e o teor de humidade das sementes durante o estudo de Misra *et al.* (1995) sobre os fungos de armazenamento e a saúde das sementes de arroz nas Filipinas.

Paderes *et al.* (1996) estudaram a relação entre o teor de humidade e o período de armazenamento e a população de fungos. Detectaram uma maior frequência de *Aspergillus flavous-oryzae, Aspergillus candidus* e *Aspergillus glaucas* em grãos de arroz com elevados níveis de humidade.

A maior variação no teor de humidade e a maior incidência de *Aspergillus flavus* e *Rhizopus stolonifer* em sementes de arroz armazenadas em condições ambientais foram relatadas por Gupta (2010).

As sementes de sorgo altamente infectadas apresentaram um teor de humidade mais elevado, tal como referido por (Owolade *et al.*, 2011).

2.3 Efeito sobre a germinação e o vigor das sementes

Obteve-se uma correlação significativa negativa elevada (r=-0,79) entre a infeção de sementes por todos os isolados de micoflora e a germinação de sementes em laboratório para todas as cultivares de arroz testadas (Imolehin, 1983).

Gupta (2010), em Haryana, registou que a germinação mais elevada (87,7%) foi observada em sementes tratadas embaladas em sacos de juta polilizados e armazenadas em condições de baixa temperatura e baixa humidade durante 60 meses de armazenamento após o tratamento das sementes. As sementes tratadas com tirame/captana também melhoraram a germinação em 7% em relação ao controlo não tratado. O vigor das sementes também seguiu uma tendência semelhante à da germinação das sementes.

No final do período de armazenamento de 10 meses, as sementes de arroz armazenadas num saco de polietileno (700 gauge) registaram uma germinação mais elevada (76,33%), seguida do saco de tecido polilinhado (68,25%), enquanto a germinação mais baixa

(62,45%) foi registada no saco de tecido (Choudhary *et al.*, 2011).

Ora *et al.* (2011) no Bangladesh registaram que a percentagem de germinação das sementes e o índice de vigor diminuíram devido a sementes duras e podres em variedades de arroz híbrido cultivadas. As sementes podres e a mortalidade pós-emergência das plântulas estavam diretamente associadas à infeção por agentes patogénicos transmitidos pelas sementes.

As sementes armazenadas em sacos de polietileno registaram uma germinação significativamente mais elevada (90,65%), comprimento da raiz (5,75 cm), comprimento do rebento (5,42 cm) e índice de vigor das plântulas (1045) em comparação com as sementes armazenadas em sacos de tecido (Raikar *et al.*, 2011).

A germinação das sementes diminuiu com o aumento da infeção das sementes, independentemente da sua origem no arroz, como observado por Islam *et al.* (2012).

A percentagem total de fungos transmitidos por sementes foi mais elevada em sementes de arroz não tratadas e a germinação mais baixa foi registada por Yeasmin *et al.* (2012).

Uma e Wesely (2013) relataram que a presença de *Aspergillus* spp., especialmente *A. niger* e *A. flavus* em sementes de arroz em frequências mais altas e sua associação com sementes não germinadas de arroz confirmaram que espécies de *Aspergillus*, embora como saprófitas, podem causar baixa germinação em sementes.

2.4 Efeito dos materiais de embalagem

Abeysiriwardena (1985) estudou o efeito de vários materiais de embalagem (polietileno, polietileno com furos, polysack e gunny) e o teor de humidade (12% e 14%) na viabilidade das sementes de arroz. Abeysiriwardena observou que, se o saco de gunny fosse utilizado como material de embalagem durante o armazenamento, 2^X As sementes com um mês de idade, com 95 % de viabilidade no momento da embalagem, poderiam manter pelo menos 80 % da sua viabilidade durante um período de cerca de 21 semanas, apesar do teor de humidade (12 % e 14 %) das sementes no momento da embalagem. Quando as sementes de arroz são acondicionadas em polietileno e em sacos de polietileno, o teor de humidade das sementes no momento do acondicionamento é o fator crítico de que depende o tempo de armazenagem no que diz respeito à viabilidade das sementes.

As tecnologias de armazenamento para aumentar a longevidade das sementes de arroz de linhas parentais foram estudadas por Gupta (2010), com base nas condições e nos recipientes de armazenamento. O autor referiu que se registou uma incidência mais elevada de micoflora nas sementes armazenadas em sacos de juta (60,9%) do que nas sementes armazenadas em sacos de polietileno (39,1). Além disso, também se registou uma maior variação do teor de humidade nas sementes armazenadas em condições ambientais, em comparação com as sementes armazenadas em condições de baixa temperatura e baixa humidade (LTLH).

A influência dos materiais de embalagem e do tratamento de sementes nos atributos físico-lógicos durante o armazenamento de sementes recém-colhidas de arroz cv. MAS 946-1, um novo grão médio-precoce e médio-fino, foi estudada por Choudhury *et al.* (2011). Observaram uma redução da infeção fúngica nas sementes armazenadas no saco de polietileno (10,27%) em comparação com o saco de pano (16,87%).

Owo lade *et al.* (20 11) estudaram o efeito do armazenamento e dos materiais de embalagem na germinação e nos fungos associados às sementes de dois acessos de sementes de sorgo. As sementes foram armazenadas numa lata de alumínio, num recipiente de plástico e num saco de polietileno em condições de banco de genes, congelador e ambiente. A associação de fungos foi significativamente maior quando as sementes foram armazenadas em condições ambientais, independentemente dos métodos de embalagem ou do período de armazenamento.

Raikar *et al.* (2011) observaram uma deterioração mais lenta das sementes armazenadas no saco de polietileno em comparação com as sementes armazenadas no saco de pano e nenhuma variação no teor de humidade das sementes armazenadas no saco de polietileno, mas o teor de humidade das sementes armazenadas no saco de pano apresentou muitas flutuações ao longo do período de armazenamento.

2.5 Gestão ecológica

Singh *et al.* (2004), em Canchipur, registaram que os extractos hidrolíticos das folhas de *Artemisia parviflora, Cymbopogan* sp., *Goniothalamus sesquipedalis, Plectranthus ternifolius* e *Vitex negundu* foram utilizados para o tratamento de sementes. A infestação fúngica mais baixa de 8,5, 11,5 e 20,0 % foi registada com as concentrações respectivas de 0,4, 0,2 e 0,1 % de *Plecranthus tern ifolius*, respetivamente.

A avaliação comparativa dos extractos com os fungicidas sintéticos, *nomeadamente* a bavistina, o blitox, o captano e o tirame, na dose recomendada, revelou que a atividade antifúngica do extrato metanólico de *Decalepis ham iltonii, Lawson ia inerm is* e *Mimosops elengi* era quase equivalente (Mohana *et al*., 2 011)

O fungicida Provax-200 @ 0,3% do peso da semente reduziu significativamente os fungos transmitidos por sementes de arroz e foi estatisticamente semelhante ao extrato de alho (1:1) (Yeasmin *et al*., 2012).

Cinco extractos de plantas diferentes, *nomeadamente* alho, allamanda, neem, chirata e bishkatali com duas diluições (1:1 e 1:2) foram testados para o tratamento de sementes de arroz para gerir a micoflora das sementes. A diluição de extrato de alho (1:1) foi a melhor, reduzindo com sucesso a infeção transmitida pelas sementes e aumentando a germinação das sementes, seguida de neem (1:1) e chirata (1:1) (Ahmed *et al.,* 2013).

Bhuiyan *et al.,* (2013) registaram que a diluição do extrato de alho (1:1) revelou uma redução bem sucedida da infeção transmitida pela semente (80,3%), enquanto que, entre os fungicidas, o vitavex-200 reduziu 92% e a bavistina reduziu 80,8% da infeção transmitida pela semente quando os produtos químicos foram utilizados a 0,25% do peso da semente.

Os extractos aquosos de plantas de *Allium sativum* (Alho), *Zingiber officinale* (Zinger), *Datura stramonium* (Dhatura) e *Citrullus colocynthis* (Maçã amarga) exibiram a maior atividade antifúngica, reduzindo a infeção fúngica transmitida por sementes com o aumento da percentagem de germinação de sementes (Baka *et al*., 2014).

CAPÍTULO 3: MATERIAIS E MÉTODOS

A presente investigação sobre "Micoflora de sementes de arroz (*Oryza sativa* L.) e a sua gestão" foi realizada no Departamento de Fitopatologia, N. M. College of Agriculture, Navsari Agricultural University, Navsari durante 2015-2016. Os pormenores dos materiais e métodos utilizados nesta investigação são descritos abaixo.

3. 1 Procedimento laboratorial

3.1.1 Limpeza de objectos de vidro:

Os objectos de vidro utilizados foram mantidos durante 24 horas na solução de limpeza contendo 60 g de dicromato de potássio ($K_2 Cr_2 O_7$) e 60 ml de ácido sulfúrico num litro de água, e foram lavados com detergente em pó seguido de água da torneira. Por fim, os objectos de vidro foram lavados com água destilada e secos antes de serem utilizados.

3.1.2 Esterilização de vidraria, meio de cultura, papel mata-borrão e água:

Os objectos de vidro foram esterilizados num forno de ar quente a 180 °C durante duas horas. Os meios sólidos e líquidos, bem como o papel mata-borrão e a água, foram esterilizados em autoclave a 1,1 kg/cm^2 pressão correspondente a uma temperatura de 12 1^0 C durante 20 minutos. Os papéis mata-borrão cortados de acordo com o diâmetro interno das placas de Petri de plástico foram colocados numa caixa galvanizada antes da esterilização.

3.1.3 Preparação do meio de cultura:

Composição do ágar dextrose de batata (PDA)

Materials	Quantity
Peeled potato	200 g
Dextrose	20 g
Agar Agar	20 g
Distilled water	1000 ml (to make the volume)

Duzentos gramas de batatas limpas e descascadas foram cortadas em pedaços pequenos. Estes pedaços foram fervidos em água destilada e o extrato foi recolhido por filtração através de um pano de musselina. Dissolveram-se 20 g de dextrose e 20 g de ágar no extrato de batata e o volume final foi aumentado para 1000 ml através da adição de água destilada. Dispensou-se uma quantidade conhecida deste meio em vários frascos cónicos, que foram tapados com algodão não absorvente e finalmente embrulhados em papel castanho. Os frascos contendo o meio dispensado foram esterilizados numa autoclave a 1,1 kg/cm^2 pressão correspondente à temperatura de 121^0 C durante 20 minutos.

3.1.4Verter o meio:

Deitaram-se assepticamente cerca de 20 ml de PDA morna em cada uma das placas de Petri de vidro (1 10 e 90 mm de diâmetro). As placas de Petri foram rodadas e inclinadas para espalhar uniformemente o meio, tendo-se deixado solidificar. Utilizou-se uma cabina de fluxo de ar laminar para garantir condições asssépticas.

3.2 Recolha de amostras de sementes varietais e pormenores experimentais

3.2.1 Recolha de amostras de sementes:

As variedades de arroz Gurjari, GR-4, GNR-3, GNR-4 e NAUR-1 são as mais populares na região do Sul de Gujarat e estão a crescer extensivamente. As sementes recém-colhidas destas cinco variedades foram adquiridas na época rabi na estação principal de investigação sobre o arroz da Universidade Agrícola de Navsari, Navsari. As sementes colhidas no campo foram levadas para o laboratório P . G. e armazenadas à temperatura ambiente para fins experimentais. (Placa 1.)

3.2.2 Pormenor das variedades:

Sr. No.	Name of varieties	Grain character	Maturity in field
1.	GR-4	Fine grain	Early maturing
2.	GNR-3	Bold grain	Medium Maturing
3.	GNR-4	Fine grain	Medium Maturing
4.	Gurjari	Coarse grain	Medium maturing
5.	NAUR-1	Long slender grain	Medium maturing

3.2.3 Pormenores experimentais:

Title	Seed mycoflora of rice and it's management
Objective	To find out the association of mycoflora with popular varieties during storage
Design	Completely Randomized Design (CRD)
Repetition	10

Treatment	
(A)Method	(1) Standard blotter method
	(2) Agar plate method
(B)Variety	Early maturing - GR-4
	Medium maturing - GNR-3, Gurjari, GNR-4, NAUR-1
Seed source	Main Rice Research station, N.A.U., Navsari
Storage period	8 months
Packaging material	Cotton cloth bag
Arrangement of set	Monthly interval
No. of seeds/Method	200 seeds

3.3 Isolamento, identificação e purificação

3.3.1 Isolamento:

O isolamento de fungos associados às sementes de arroz foi efectuado a partir de 200 sementes colhidas aleatoriamente da amostra composta de sementes de cada variedade, através do método do mata-borrão e do método da placa de ágar (ISTA, 1993), com intervalos mensais.

3.3.1.1 Método padrão de blotter:

Três pedaços de papel de filtro foram devidamente embebidos em água esterilizada e colocados no fundo de placas de Petri de plástico de 9 cm, bem rotuladas. Foram colocadas vinte (20) sementes por placa de Petri, utilizando um par de pinças e certificando-se de que as sementes eram colocadas de forma equidistante em condições assépticas. As tampas de cada placa de Petri foram mantidas no sítio com fita adesiva gomosa. As placas de Petri com sementes foram incubadas a

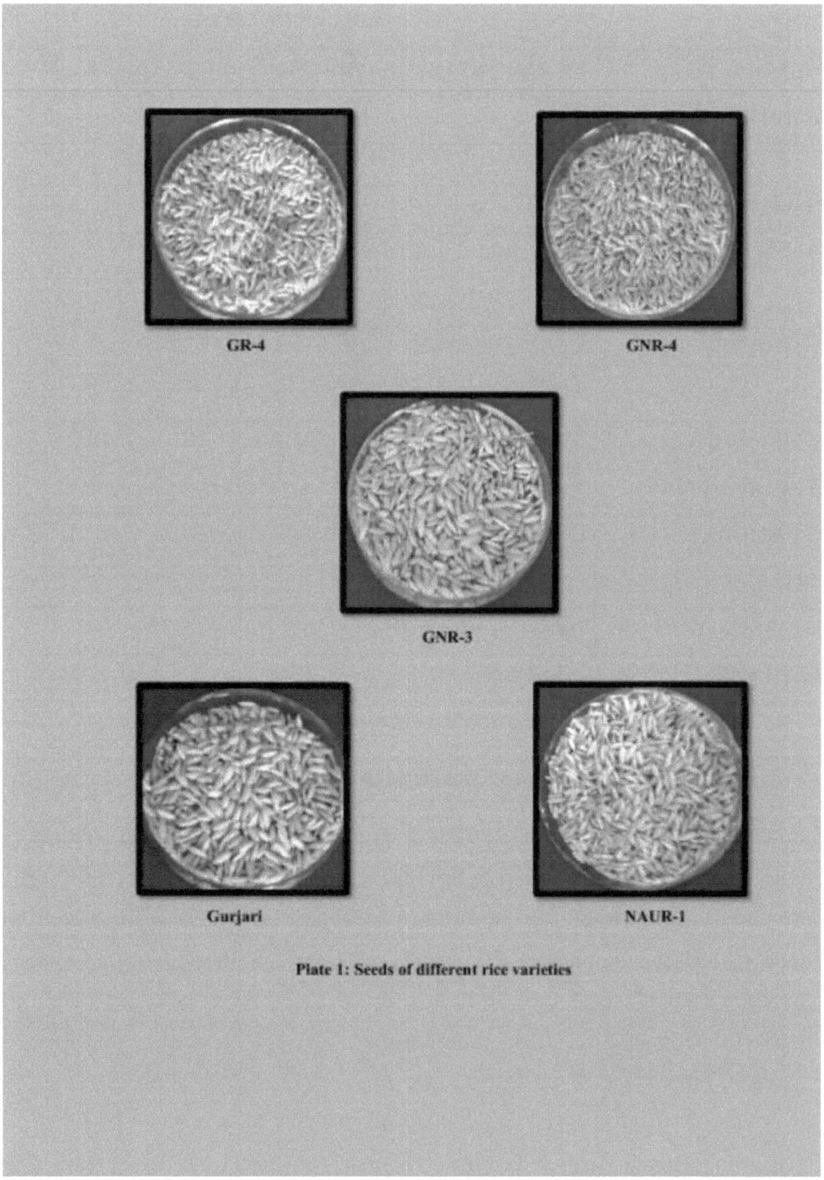

Plate 1: Seeds of different rice varieties

temperatura ambiente ($25^0 \pm 2^0$ C) durante 7 dias, em ciclos alternados de luz e escuridão de 12 horas cada. (Placa 2.)

3.3.1.2 Método da placa de ágar:

No método da placa de ágar, 20 ml de ágar dextrose de batata foram vertidos numa placa de Petri de vidro. Após arrefecimento, as dez sementes por placa de Petri foram mantidas equidistantes e incubadas à temperatura ambiente ($25^0 \pm 2^0$ C) durante 12 horas, em ciclos alternados de luz e escuridão, durante 7 dias. (Placa 2).

3.3.2 Identificação:

Após 7 dias de incubação, as sementes de arroz foram examinadas individualmente ao microscópio estéreo-binocular, a fim de registar a incidência de diferentes fungos transmitidos pelas sementes.

As sementes foram examinadas numa determinada sequência fixa; foi traçada uma linha do centro da cápsula até à borda da cápsula com a ajuda de um lápis em papel absorvente húmido. Depois de examinada a primeira semente, a placa foi suavemente rodada no sentido contrário ao do relógio, enquanto ainda estava focada. Seguiu-se este procedimento para passar de uma semente para outra.

Começou-se por examinar todas as sementes do anel exterior, seguindo-se as sementes do anel interior, pela mesma ordem, e, por fim, as sementes do centro. Além disso, com agulhas de transferência esterilizadas por chama, os crescimentos fúngicos nas sementes foram montados assepticamente em azul de lactofenol em lâminas e examinados sob as diferentes ampliações de um microscópio binocular estéreo para caraterísticas de diagnóstico fúngico.

Os fungos foram contados c identificados utilizando os manuais de identificação de Booth (1971), o crescimento das colónias, a cor, o tipo de esporulação e outros caracteres básicos como

Blotter paper method

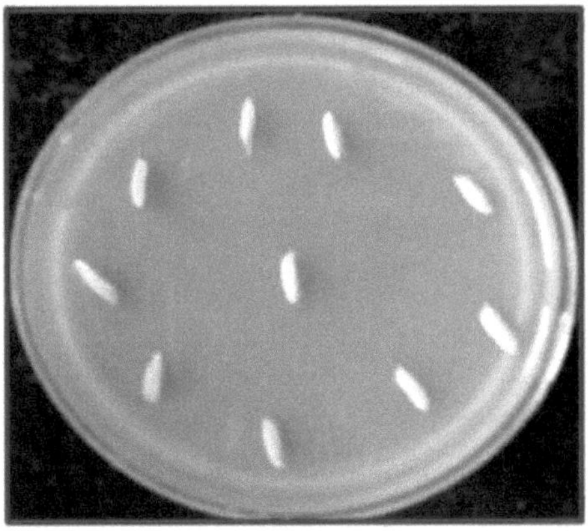

Agar plate method

Plate 2: Standard Blotter paper and Agar plate methods

sugeridas por Barnett e Hunter (1972), Raper e Funnell (1973), Sutton (1980), Watanabe (2002) e Mathur e kongasdal (2003^a).

A porcentagem da micoflora das sementes e a frequência percentual de várias espécies de fungos foram calculadas da seguinte forma (Agarwal, 1999 e Butt *et al.*, 2011).

$$\text{Per cent seed mycoflora} = \frac{\text{Total number of seeds on which the fungi were encountered}}{\text{Total number of seeds tested}} \times 100$$

$$\text{Frequency of occurence (\%)} = \frac{\text{No. of seeds on which a fungal species occurs}}{\text{Total number of seeds examined}} \times 100$$

3. 3. 3 Purificação:

O crescimento fúngico dos diferentes fungos obtidos nas sementes foi transferido para placas de Petri com PDA. Cada espécie fúngica isolada foi posteriormente purificada pelo método da ponta de hifa. As várias culturas obtidas foram mantidas em placas de PDA e conservadas no frigorífico.

3.4 Germinação e vigor das sementes

3.4.1 Germinação de sementes:

A germinação das sementes foi determinada utilizando o método do papel toalha (Khare, 1996). As cem (100) sementes de cada uma das cultivares foram colocadas em papel de filtro húmido de 20 cm e cobertas por outro papel de filtro. A base foi dobrada para dentro e toda enrolada e presa com elásticos e incubada na vertical em tabuleiros de plástico a 25 ± 2^0 C durante 8 dias. Após o período de incubação, registou-se o número de sementes germinadas e, em seguida, a relação entre a percentagem de micoflora das sementes e o número de sementes germinadas. 44 germinação foi determinada por meio de análise de correlação. (Placa 3).

3.4.2 Vigor das sementes:

O teste de vigor das plântulas foi efectuado em areia (ISTA, 1993). Foram utilizados tabuleiros de plástico (18x9). Cem sementes foram selecionadas ao acaso e semeadas na areia em cada tabuleiro de plástico em quatro linhas (25 sementes/linha). A percentagem de germinação foi contada aos 14 DAS. Após 20 dias, o comprimento dos rebentos e das raízes foi medido. Foram selecionadas aleatoriamente quinze plântulas de cada tabuleiro para medir o comprimento dos rebentos e das raízes. O vigor das plântulas foi determinado utilizando a seguinte fórmula (Baki e Andersen, 1972).

$$\text{Vigour index} = (\text{Mean of root length} + \text{Mean of shoot length}) \times \text{Percentage of seed germination}$$

3.5. Teor de humidade das sementes (%)

O teor de humidade das sementes de cada categoria foi determinado em intervalos mensais para descobrir o seu efeito nos fungos transmitidos pelas sementes. O teor de humidade das sementes foi determinado pelo método da estufa seca ao ar (ASAE, 1986).

O teor de humidade foi determinado colocando as sementes numa estufa de ar quente a 103°C durante 72 horas,

$$\text{Per cent moisture content} = \frac{M2 - M3}{M2 - M1} \times 100$$

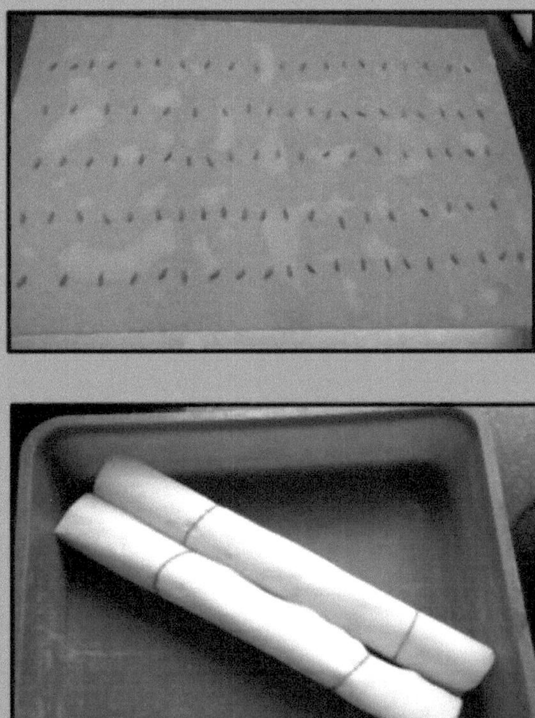

Plate 3: Seed germination by using paper towel method

Onde,

M1= Weight of container

M2= Weight of container + seeds before drying

M3= Weight of container + seeds after drying

3.6 Peso da semente (g)

As 1000 sementes de cada variedade de arroz foram selecionadas aleatoriamente e pesadas com a ajuda de uma balança em intervalos mensais para determinar o peso das sementes.

3.7 Gestão ecológica

Para ultrapassar o efeito tóxico dos produtos químicos sintéticos, foi realizada uma experiência para explorar materiais vegetais com propriedades antifúngicas para a prevenção da deterioração biológica causada por fungos em condições de armazenamento com diferentes materiais de embalagem.

3.7.1 Pormenores experimentais:

Title	Effect of packaging materials and seed treatments on seed mycoflora of rice
Objective	To find out the effective packaging and plant materials for the management of seed mycoflora
Design	Completely randomized Design (CRD)
Repetitions	10
Treatment:	
(A)Packaging material	1. Gunny bag
	2. Cloth bag
	3. Plastic bag

(B) Seed treatment	1. Castor leaf powder @ 10 g/kg seed
	2. Ocimum leaf powder @ 10 g/kg seed
	3. Lantana leaf powder @ 10 g/kg seed
	4. Neem leaf powder @ 10 g/kg seed
	5. Thiram (check) @ 3 g/kg seed
	6. Thiram+carboxin (check)@3 g/kg seed
	7. Control (without seed treatment)
Method	Standard blotter method
Variety	GNR-3
Seed source	Main Rice Research Station, N.A.U., Navsari
Storage period	8 months
Arrangement of set	Monthly interval
No. of seeds	200 seeds/treatment

3.7.2 Preparação do pó de folhas

Pormenores da planta utilizada como pó de folhas:

Sr. No.	Name of plant	Botanical name	Family	Part used	Antifungal Properties
1.	Castor	*Ricinus communis* L.	Euphorbiaceae	Leaf	Miconazole (Fromtling, 1988)
2.	Ocimum	*Ocimum sanctum* L.	Lamiaceae	Leaf	Methyl chavicol and linalool (Amber *et al.*, 2010)
3.	Lantana	*Lantana camera* L.	Verbenaceae	Leaf	Polymethoxylated flavone (Rwangabo, 1988)
4.	Neem	*Azadirachta indica* L.	Meliaceae	Leaf	Cyclic trisulphide and Cyclic tetra sulphide (Pant *et al.*, 1986)

Folhas frescas e saudáveis de plantas de rícino, lantana, Ocimum e Neem foram lavadas cuidadosamente com água da torneira para evitar a poeira e secas durante 7-8 dias em condições de estufa numa folha de papel. Depois de secas, as folhas foram trituradas com a ajuda de um almofariz e de um pilão. Assim, o pó preparado de cada um foi peneirado através de um pano de musselina esterilizado de dupla camada para remover material estranho, e foi considerado 100% pó. Os pós padrão foram posteriormente utilizados para a concentração necessária. (Placa 4)

3.7.3 Tratamento de sementes:

As sementes da variedade GNR-3 foram tratadas com pó de folhas de rícino, lantana, Ocimum e Neem @10g/kg de sementes e também foram tratadas com thiram e thiram + carboxina em pó @ 3 g/kg de sementes como controlo para efeitos de comparação.

3.7.4 Materiais de embalagem:

Para efeitos experimentais, foram utilizados três tipos de materiais de embalagem: saco de artilharia, saco de pano e saco de plástico (placa 5), adquiridos na Main Rice Research Station, Navsari Agricultural University; Navsari.

3.8 Análise estatística

A experiência laboratorial foi conduzida de acordo com um projeto completamente aleatório (CRD). Os dados registados sobre vários parâmetros no âmbito do presente estudo foram analisados estatisticamente utilizando o pacote estatístico MSTAT-C. A correlação foi calculada por Microsta.

Plate 4: Leaf and their powders

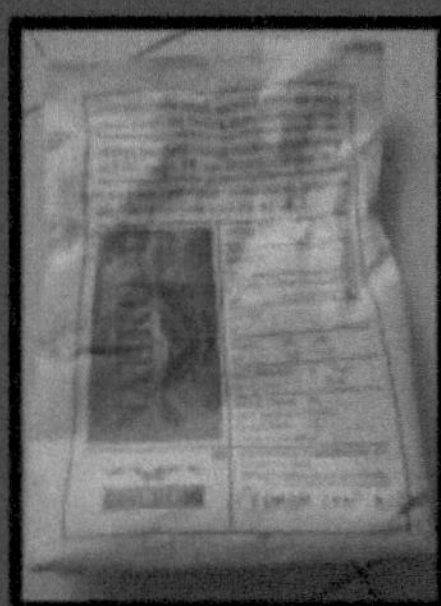

Plastic bag

Cloth bag

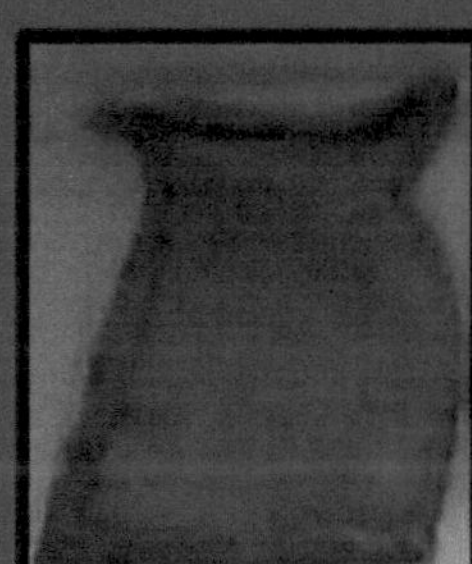

Gunny bag

Plate 5: Various types of packaging materials

Os dados foram analisados com a ajuda técnica recebida do centro informático da N. M. College of Agriculture, N. A. U., Navsari. As diferenças entre os tratamentos foram testadas através do teste "F", com um nível de significância de cinco por cento, com base na hipótese nula. O erro-padrão da média (S. Em. ±) foi calculado em cada caso e a diferença crítica (C. D.) a um nível de probabilidade de cinco por cento foi calculada para comparar as médias dos dois tratamentos, quando os efeitos dos tratamentos foram considerados significativos no teste "F". A percentagem de variação co-eficiente (C.V. %) foi também calculada para todos os casos.

CAPÍTULO 4: RESULTADOS E DISCUSSÃO

Os resultados e a discussão da presente investigação sobre vários aspectos da micoflora de sementes de arroz e a sua gestão são apresentados a seguir.

4.1 Recolha de amostras de sementes

As amostras de sementes de cinco variedades de arroz, GR-4, GNR-3, GNR-4, Gurjari e NAUR-1, na época rabi, foram colhidas nos principais campos de arroz da Estação Principal de Investigação do Arroz, Universidade Agrícola de Navsari, Navsari (Placa 1). As sementes de arroz foram colhidas nos campos de arroz aquando da colheita, embaladas num saco de pano e levadas para o Laboratório P.G., Departamento de Fitopatologia, N. M. College of Agriculture, NAU, Navsari, conservadas separadamente durante dois a três dias e depois utilizadas para investigações posteriores.

A humidade inicial (isto é, antes) das sementes variou de 10,50% a 11,67% nas amostras de sementes varietais. A menor humidade das sementes (10,50%) foi na variedade de grão grosso Gurjari e a maior (11,67%) foi na variedade de grão longo e fino NAUR-1. Da mesma forma, o peso de 1000 sementes foi menor (19,72 g) na variedade de grão fino GR-4 e maior (22,12 g) na variedade de grão grosso Gurjari no momento do armazenamento. (Tabela 4.1)

Quadro 4.1: Humidade inicial das sementes e peso das sementes em várias variedades de arroz

Sr. No.	Variety	Grain character of variety	Initial seed moisture (%)	Initial seed weight (1000 g)
1	Gujarat Rice - 4 (GR-4)	Fine grain	10.82	19.72
2	Gujarat Navsari Rice -3 (GNR-3)	Bold grain	11.57	21.87
3	Gujarat Navsari Rice - 4 (GNR-4)	Fine grain	11.10	20.15
4	Gurjari	Coarse grain	10.50	22.12
5	Navsari Agriculture University Rice -1 (NAUR-1)	Long slender grain	11.67	21.07

4.2 Associação da micoflora das sementes

A experiência foi realizada com o objetivo de conhecer a associação da micoflora de sementes nas sementes de variedades populares de arroz durante o armazenamento a curto prazo (ou seja, oito meses) à temperatura ambiente. Os resultados de vários aspectos são discutidos a seguir.

4.2.1 Micoflora das sementes:

A percentagem de micoflora da semente em várias variedades de arroz foi determinada pelo método do mata-borrão padrão e pelo método da placa de ágar na fase inicial e em intervalos mensais até 8 meses de armazenamento, e é apresentada no Quadro 4.2. Os dados mostram claramente que se registou uma diferença significativa entre os dois métodos, tanto em termos de variedade como de combinação de métodos e variedade. O método do mata-borrão produziu uma percentagem mais elevada de micoflora de sementes no início (10,65%) e após 8 meses de armazenamento (67,11%) do que o método da placa de ágar.

Relativamente à variedade, a micoflora de sementes mais elevada foi registada na variedade de grão longo e fino NAUR-1, inicialmente (10,12%) e após 8 meses de armazenamento (66,15%). Por outro lado, a percentagem mais baixa de micoflora de sementes foi observada na variedade de grão arrojado GNR-3 no início (6,78%) e após 8 meses de armazenamento (53,10%). As três variedades restantes, a saber, GR-4, GNR-3 (grão fino) e Gurjari (grão grosso), foram iguais à NAUR-1.

Quadro 4.2: Percentagem de micoflora das sementes no início e após 8 meses de armazenamento

Sr. No.	Treatment	Per cent seed mycoflora*	
		(Initial)	(After 8 months)
(A)	**Method (M)**		
1	Blotter paper (M_1)	4.12 (10.65)**	55.28 (67.11)***
2	Agar plate (M_2)	2.88 (8.28)	49.92 (58.11)
S. Em±		0.20	1.56
CD at 5 %		0.59	4.97
(B)	**Variety (V)**		
1	GR-4 (V_1)	2.99 (8.92)	51.88 (63.13)
2	GNR-3 (V_2)	2.60 (6.78)	46.99 (53.10)
3	GNR-4 (V_3)	3.15 (9.92)	50.47 (59.11)
4	Gurjari (V_4)	2.73 (7.47)	47.09 (53.12)
5	NAUR-1(V_5)	3.65 (10.12)	54.92 (66.15)
S. Em±		0.31	2.62
CD at 5 %		0.92	7.87
(C)	**Interaction effect (A×B)**		
1	V_1M_1	2.05 (4.20)	47.90 (55.06)
2	V_1M_2	2.14 (4.57)	47.93 (55.10)
3	V_2M_1	2.19 (4.79)	46.09 (51.90)
4	V_2M_2	2.25 (5.06)	47.32 (54.06)
5	V_3M_1	2.38 (5.66)	48.20 (55.11)
6	V_3M_2	2.38 (5.66)	49.00 (56.15)
7	V_4M_1	3.02 (9.12)	51.67 (61.11)
8	V_4M_2	3.16 (9.98)	51.67 (61.11)
9	V_5M_1	3.25 (10.56)	56.45 (69.10)
10	V_5M_2	3.30 (10.89)	54.34 (66.06)
S.Em±		0.37	2.40
CD at 5 %		1.12	7.20
C.V. (%)		35.07	17.29

*Média de cinco repetições
** Os valores retransformados em raiz quadrada são apresentados entre parênteses
***Os valores retransformados de ARCSIN são apresentados entre parênteses

Os dados de um efeito de interação mostraram que a percentagem mais baixa de micoflora de sementes foi registada na variedade GNR-3 no método de papel mata-borrão (51,90%) após 8 meses de armazenamento e foi observada uma diferença significativa com a variedade NAUR-1 no método de papel mata-borrão e no método de placa de ágar.

4.2.2 Comparação dos métodos de deteção

Os dados relativos à percentagem média da micoflora das sementes armazenadas durante 8 meses em papel mata-borrão e em placas de ágar são apresentados no quadro 4.3 (placa 6).

Tabela 4.3: Comparação dos métodos de papel mata-borrão e placa de ágar no que respeita à percentagem média de micoflora de sementes

Sr. No.	Variety	Av. seed mycoflora (%)*	
		Blotter paper	Agar plate
1	GR-4	39.22 (40.01)**	35.20 (33.20)**
2	GNR-3	36.21 (39.40)	29.68 (24.12)
3	GNR-4	42.21 (45.12)	39.75 (40.10)
4	Gurjari	38.95 (39.56)	30.12 (25.13)
5	NAUR-1	45.77 (51.34)	43.21 (46.16)
S.Em±		1.06	0.98
CD at 5 %		3.20	2.95
C.V. (%)		24.55	22.67

** Os valores retransformados são apresentados entre parênteses

*Média de oito meses

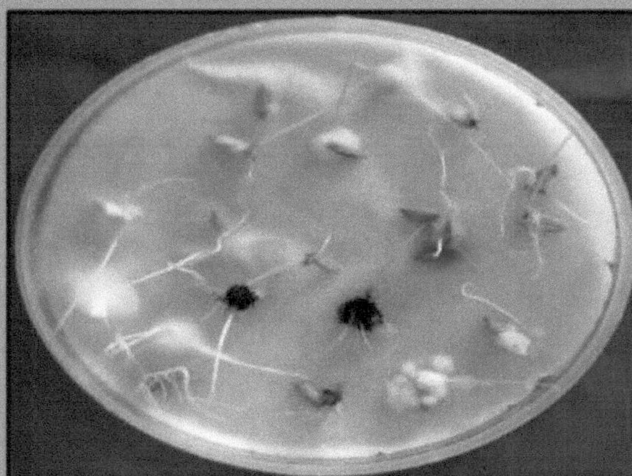

Blotter paper method

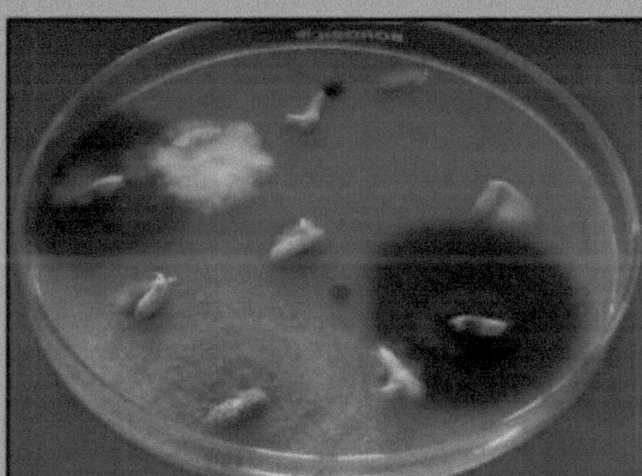

Agar plate method

Plate 6: Seed mycoflora in blotter paper and agar plate methods

Em ambos os métodos, a micoflora média das sementes mostrou diferenças significativas entre as variedades. A micoflora média mais baixa das sementes foi registada na variedade GNR-3, com 39,40% e 24,12%, nos métodos de papel mata-borrão e ágar-ágar, respetivamente. A variedade GR-4 estava ao mesmo nível que a GNR-3. A maior percentagem média de micoflora 51,34% e 46,16% foi registada na variedade NAUR-1 no método do papel mata-borrão e da placa de ágar, respetivamente.

A tendência micofloral da percentagem de sementes desde o início até aos 8 meses de armazenamento está reflectida na fig. 1. A maior tendência de aumento foi registada na variedade NAUR-1 e a menor na variedade GNR-3.

Os presentes resultados da prevalência de fungos em relação às variedades de arroz seguem os resultados de Habib *et al.*, (2012) que relataram uma percentagem mais elevada de fungos transmitidos por sementes em variedades finas em comparação com variedades grosseiras de arroz e a variedade de arroz mais afetada tem uma crista longa, respetivamente.

No presente estudo, foram utilizados os dois métodos comuns de papel mata-borrão e de placa de ágar para a deteção da micoflora das sementes e os resultados estão em coerência com as conclusões de investigadores anteriores. O método do mata-borrão foi o mais adequado para a deteção de *A. niger, A. flavus, Alternria alternata, A. terreus, Cheatomium globosum* e *Curvularia lunata* em sementes de arroz [Agarwal *et al.*, (1972); Khan *et al.*, (1988); Mohana *et al.*, (2011); Archana e Prakash, (2013)]. Além disso, o método do papel mata-borrão resultou num elevado número de fungos como

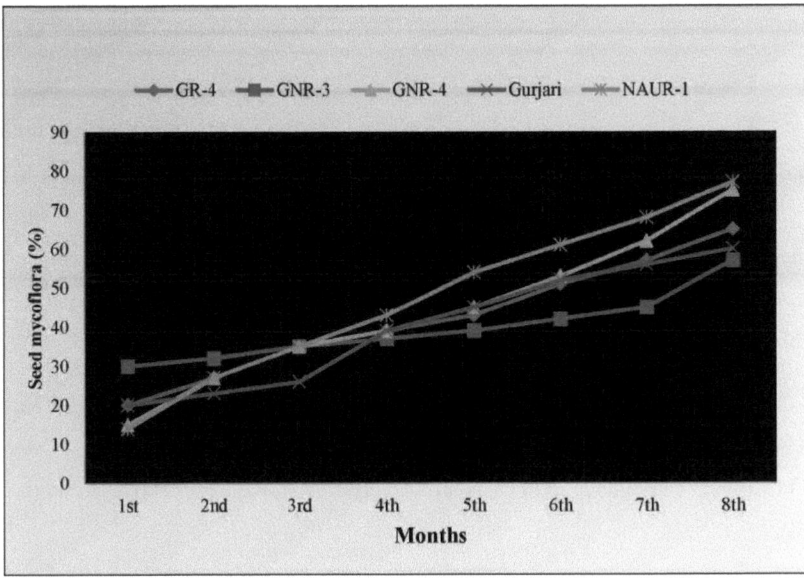

Blotter paper method

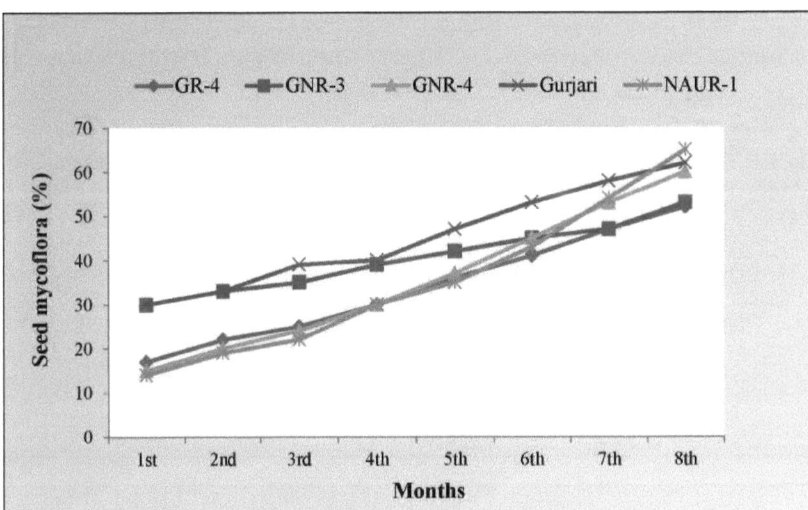

Agar plate method

Fig. 1: Percentagem da micoflora das sementes desde o início até aos 8 meses de armazenamento

em comparação com o método da placa de ágar também foi relatado por Ashfaq *et al.*, (2015).

4.2.3 Frequência de ocorrência de fungos associados

4.2.3.1 Frequência percentual inicial de espécies de fungos (método do papel mata-borrão):

Verificou-se que um total de 3 géneros de fungos estavam associados às amostras de sementes de diferentes variedades de arroz antes do armazenamento. Os fungos associados foram *Aspergillus flavus, Aspergillus niger, Curvularia lunata, Curvularia* sp., *Fusarium moniliforme* e *Fusarium* sp.

A frequência de cada fungo é apresentada na Tabela 4.4. O fungo *Curvularia lunata* (25,71%) foi o mais predominante, seguido por *Fusarium moniliforme* (18,10%), *Aspergillus niger* (17,14%), *Curvularia* sp. (15,24%), *Aspergillus flavus* (14,29%) e *Fusarium* sp. (9,52%).

Curvularia lunata, Fusarium m oniliforme, Aspergillus niger e *Aspergillus flavus* foram os fungos mais frequentemente isolados, independentemente das variedades de arroz. A variedade de arroz GNR -3 apresentou uma frequência percentual mais elevada (28,57%) em comparação com as outras variedades. A frequência mais baixa (13,33%) foi registada na variedade NAUR- 1. (Fig. 2)

Tabela 4.4: Frequência de ocorrência de fungos associados a sementes de várias variedades de arroz numa fase inicial de armazenamento (método do papel mata-borrão)

Sr. No.	Fungus/ Variety	GR-4	GNR-3	GNR-4	Gurjari	NAUR-1	Total	Frequency (%)
1	*Aspergillus flavus*	2	6	2	3	2	15	14.29
2	*Aspergillus niger*	3	4	3	2	1	18	17.14
3	*Curvularia lunata*	6	5	7	5	4	27	25.71
4	*Curvularia* sp.	3	4	3	4	2	16	15.24
5	*Fusarium moniliforme*	4	6	1	3	5	19	18.10
6	*Fusarium* sp.	2	5	-	3	-	10	9.52
Total		20	30	16	20	14	105	
Frequency (%)		19.05	28.57	15.24	19.05	13.33		

4.2.3.2 A frequência percentual das espécies de fungos ocorre após 8 meses de armazenamento (método do papel mata-borrão):

Após 8 meses de armazenamento, verificou-se que um total de 4 géneros de fungos estava associado às sementes das variedades de arroz. Verificou-se que o número de fungos aumentou durante o período de armazenamento. Um total de 10 espécies de fungos, *nomeadamente Aspergillus candidus, Aspergillus flavus, Aspergillus nidulans, Aspergillus niger, Aspergillus* sp., *Cheatomium* sp., *Curvularia lunata, Curvularia* sp., *Fusarium moniliforme* e *Fusarium* sp. Entre eles, o mais predominante foi *Curvularia lunata* (19,46%), seguido por *Fusarium moniliforme* (16,77%). Foi registada uma incidência mínima de 6,29% de *Aspergillus nidulans.*

A resposta varietal à frequência de ocorrência de fungos associados foi muito evidente (Quadro 4.5). A frequência mais elevada (23,05%) foi observada na variedade NAUR-1 e a mais baixa (17,07%) na GNR-3. (Fig. 2)

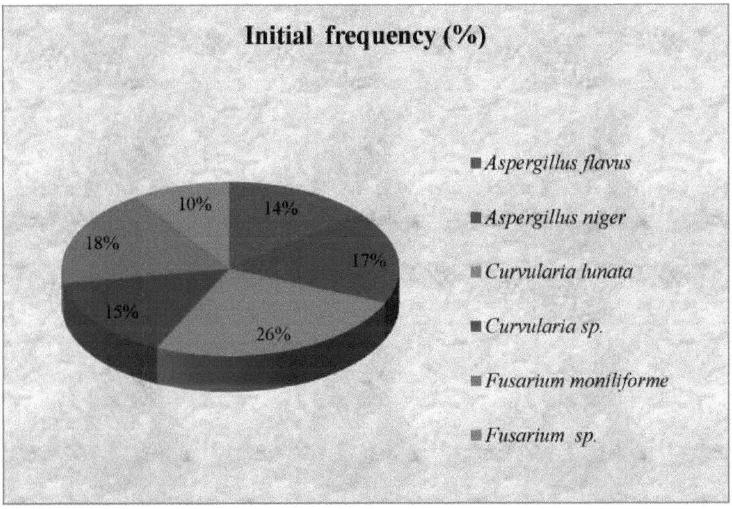

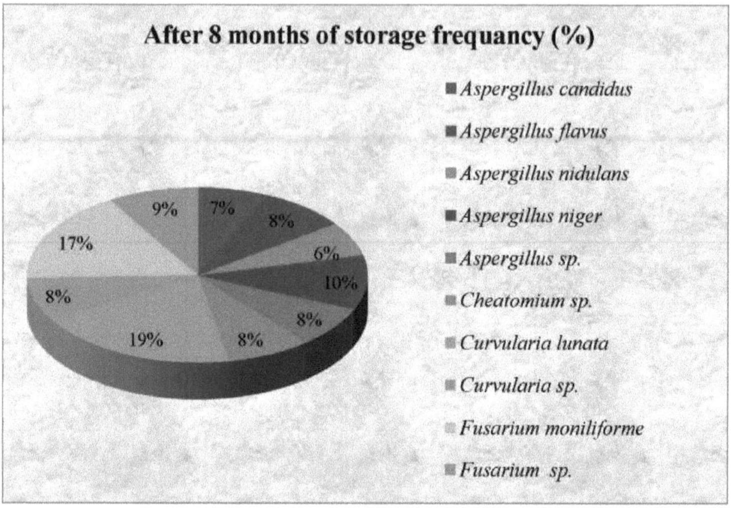

Fig. 2: Frequência percentual da ocorrência de espécies de fungos em numa fase inicial e após 8 meses de armazenamento

Tabela 4.5: Frequência de ocorrência de fungos associados a sementes de várias variedades de arroz após 8 meses de armazenamento (método do papel mata-borrão)

Sr. No.	Fungus/ Variety	GR-4	GNR-3	GNR-4	Gurjari	NAUR-1	Total	Frequency (%)
1	*Aspergillus candidus*	5	3	8	3	4	23	6.89
2	*Aspergillus flavus*	5	6	4	5	7	27	8.08
3	*Aspergillus nidulans*	4	5	3	4	5	21	6.29
4	*Aspergillus niger*	7	8	6	5	8	34	10.18
5	*Aspergillus* sp.	7	5	7	2	4	27	7.49
6	*Cheatomium* sp.	5	3	8	6	5	24	8.08
7	*Curvularia lunata*	11	10	12	15	17	65	19.46
8	*Curvularia* sp.	4	5	6	5	7	27	8.08
9	*Fusarium moniliforme*	10	8	14	10	14	56	16.77
10	*Fusarium* sp.	7	4	7	5	6	29	8.68
Total		65	57	75	60	77	334	
Frequency (%)		19.46	17.07	22.46	17.96	23.05		

4.2.3.3 Frequência percentual inicial de espécies de fungos (método da placa de ágar):

Verificou-se que um total de 3 géneros de fungos estavam associados às amostras de sementes de diferentes variedades de arroz antes do armazenamento. Os fungos associados foram *Aspergillus flavus, Aspergillus niger, Curvularia lunata, Curvularia* sp., *Fusarium moniliforme* e *Fusarium* sp.

A frequência de cada fungo é apresentada na Tabela 4.6. O fungo *Fusarium moniliforme* (25,93%) foi o mais predominante, seguido por *Curvularia lunata* (24,07%), *Fusarium* sp. (16,67%), *Aspergillus niger* (15,74%), *Curvularia* sp. (10,19%) e *Aspergillus flavus* (7,41%). (Fig. 3)

Fusarium mon iliforme, Curvularia lunata, Fusarium sp. e *Aspergillus n iger* foram os fungos mais frequentemente isolados, independentemente das variedades de arroz. A variedade de arroz Gurjari apresentou uma frequência percentual mais elevada (29,63%) em comparação com outras variedades. A frequência mais baixa (12,96%) foi registada na variedade NAUR-1.

Tabela 4.6: Frequência de ocorrência de fungos associados a sementes de várias variedades de arroz numa fase inicial de armazenamento (método da placa de ágar)

Sr. No.	Fungus/ Variety	GR-4	GNR-3	GNR-4	Gurjari	NAUR-1	Total	Frequency (%)
1	*Aspergillus flavus*	1	3	1	3	-	8	7.41
2	*Aspergillus niger*	3	5	2	5	2	17	15.74
3	*Curvularia lunata*	4	8	4	8	2	26	24.07
4	*Curvularia* sp.	2	3	2	2	2	11	10.19
5	*Fusarium moniliforme*	4	6	4	9	5	28	25.93
6	*Fusarium* sp.	3	5	2	5	3	18	16.67
Total		17	30	15	32	14	108	
Frequency (%)		15.74	27.78	13.89	29.63	12.96		

4.2.3.4 A frequência percentual das espécies de fungos ocorre após 8 meses de armazenamento (método da placa de ágar):

Após 8 meses de armazenamento, verificou-se que um total de 4 géneros de fungos estava associado às sementes das variedades de arroz. Verificou-se que o número de fungos aumentou durante o período de armazenamento. Foi identificado um total de 10 espécies de fungos, *nomeadamente Aspergillus candidus, Aspergillus flavus, Aspergillus nidulans, Aspergillus niger, Aspergillus* sp., *Cheatomium* sp., *Curvularia lunata, Curvularia* sp., *Fusarium moniliforme* e *Fusarium* sp. Entre elas, as espécies de fungos mais predominantes foram *Curvularia lunata* (21,92%), seguida de *Fusarium moniliforme* (17,47%). A menor incidência foi registada *em Aspergillus candidus* (6,51%).

A resposta varietal em relação à frequência de ocorrência de fungos associados foi muito evidente (Quadro 4.7). A frequência mais alta (22,26%) foi observada na variedade NAUR-1 e a mais baixa (17,80%) na GR-4. (Fig. 3)

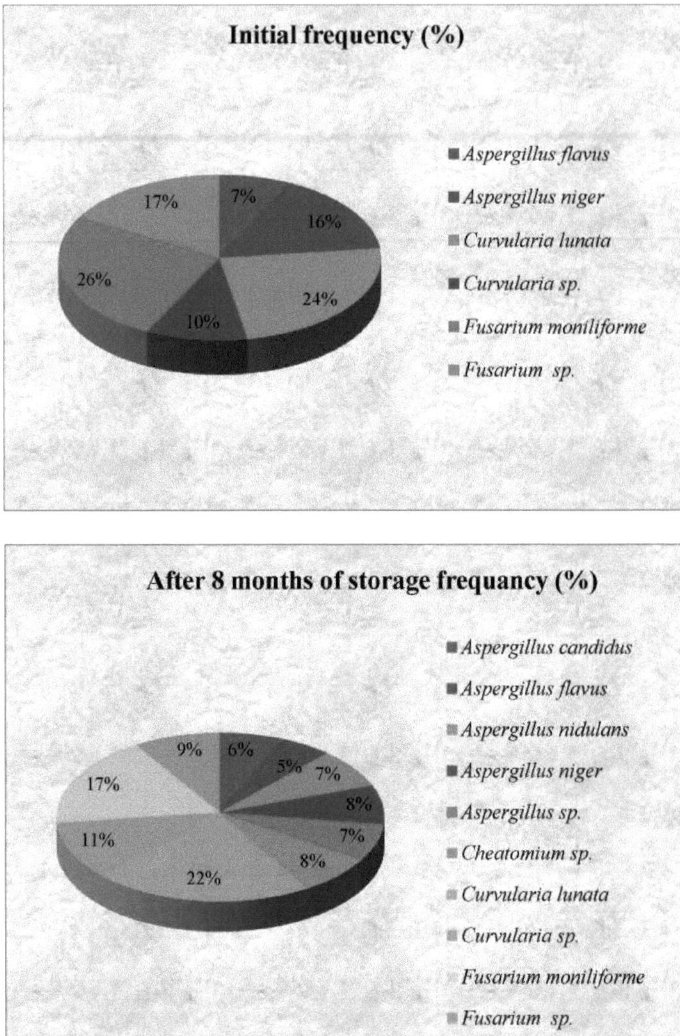

Fig. 3: Frequência percentual da ocorrência de espécies de fungos em numa fase inicial e após 8 meses de armazenamento

Tabela 4.7: Frequência de ocorrência de fungos associados a sementes de várias variedades de arroz após 8 meses de armazenamento (método da placa de ágar)

Sr. No.	Fungus/ Variety	GR-4	GNR-3	GNR-4	Gurjari	NAUR-1	Total	Frequency (%)
1	*Aspergillus candidus*	2	4	3	5	5	19	6.51
2	*Aspergillus flavus*	3	2	4	3	2	14	4.79
3	*Aspergillus nidulans*	5	3	5	4	5	22	7.53
4	*Aspergillus niger*	4	5	5	6	2	22	7.53
5	*Aspergillus* sp.	3	2	5	5	6	21	7.19
6	*Cheatomium* sp.	5	3	6	5	3	22	7.53
7	*Curvularia lunata*	12	13	11	11	17	64	21.92
8	*Curvularia* sp.	4	5	8	7	8	32	10.96
9	*Fusarium moniliforme*	9	10	9	11	12	51	17.47
10	*Fusarium* sp.	5	6	4	5	5	25	8.56
Total		52	53	60	62	65	292	
Frequency (%)		17.80	18.15	20.55	21.23	22.26		

Os resultados do isolamento de várias espécies de fungos estão também de acordo com os resultados de investigadores anteriores que isolaram espécies de diferentes variedades de arroz. Estes investigadores registaram *Curvularia lunata, Curvularia oryzae, Aspergillus niger, A. flavus, A. terreus, A. fumigatus, A. candidus, A. ochraceus, Alternaria alternata, Helminthosporium* sp, *F. moniliforme, F. oxysporum, F. solani, Cheatomium globosum, Trichoconis padwickii, Penicillium* spp. e *Cladosporium* sp. (Khan *et al.*, 1988; Elangoran *et al.*, 1999; Khan 2000; Wahid *et al.*, 2001; Hafez *et al.*, 2004 e Mohana *et al.*, 2011)

Muitos investigadores relataram a ocorrência predominante de *Curvularia lunata* em diferentes variedades de arroz e rotularam-na como sendo transmitida por sementes (Khanam e Khanzada, 1989; Butt *et al.*, 2011 e Utobo *et al.*, 2011). Foi também relatado que *C. lunata* causa descoloração da gluma e do grão de arroz na Nigéria (Imolehin, 1983).

O isolamento de vários fungos transmitidos por sementes de arroz foi efectuado anteriormente por vários trabalhadores, *Fusarium moniliforme, Fusarium* sp., *Cheatomium* sp. e *Aspergillus niger* (Butt *et al.*, 2011; Archana e Prakash, 20 13), *Aspergillus candidus* e *Aspergillus nidulans* (Paderes *et al.*,1996), *Aspergillus flavus* e *Aspergillus* sp., *Curvularia lunata* e *Curvularia* sp.(Gupta,2010).

4.2.4 Identificação de fungos associados

Vários fungos transmitidos por sementes, desenvolvidos em grãos de arroz, foram cultivados separadamente em placas de Petri com PDA. Cada crescimento fúngico foi observado criticamente ao microscópio estereoscópico, bem como ao microscópio de investigação, para determinar os caracteres culturais e morfológicos. Finalmente, as caraterísticas fúngicas observadas foram comparadas com as caraterísticas descritas em vários manuais de identificação de Booth (1971), crescimento das colónias, cor, tipo de esporulação e outros caracteres básicos, tal como sugerido por Barnett e Hunter (1972), Raper e Funnell (1973), Sutton (1980), Watanabe (2002) e Mathur e Kongsdal (2003[a]).

Caraterísticas culturais e morfologia dos fungos isolados:

Os fungos presentes nas sementes e as suas caraterísticas culturais e morfológicas dos fungos isolados, com as respectivas microfotografias, são apresentados a seguir.

1. ***Aspergillus candidus***

Sintomas no grão: As cabeças dos conídios são persistentemente brancas ou tornam-se creme amareladas com a idade; tipicamente globosas quando jovens, muitas vezes dividindo-se com a idade, ou aproximando-se de colunares em cabeças pequenas. (Prato 7).

Morfologia cultural: Os conidióforos são lisos, incolores ou ligeiramente amarelos nas zonas terminais. No reverso são geralmente amarelo-esbranquiçados. As vesículas são tipicamente globosas a subglobosas e férteis em toda a superfície. Os esterigmas apresentam-se geralmente em duas séries, com a série primária frequentemente muito aumentada, variando por vezes muito em tamanho dentro da mesma cabeça. Os conídios são globosos ou subglobosos e lisos (placa 7).

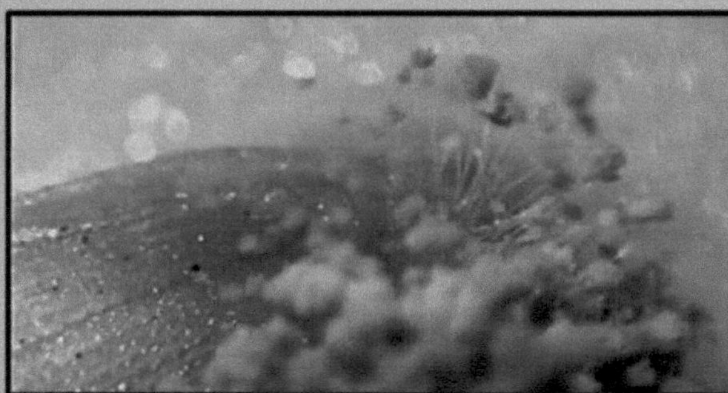

A .candidus on grain

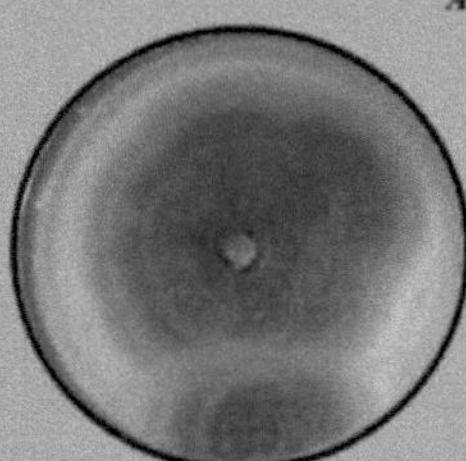

Fungal growth (Front look)

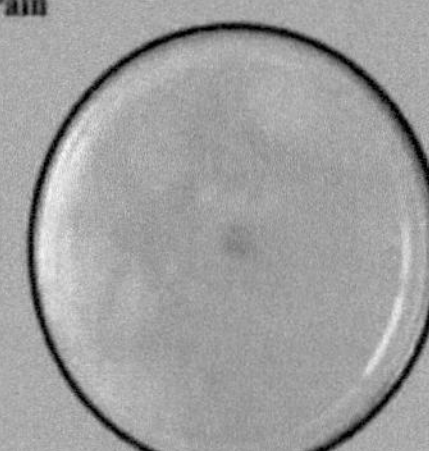

Fungal growth (reverse look)

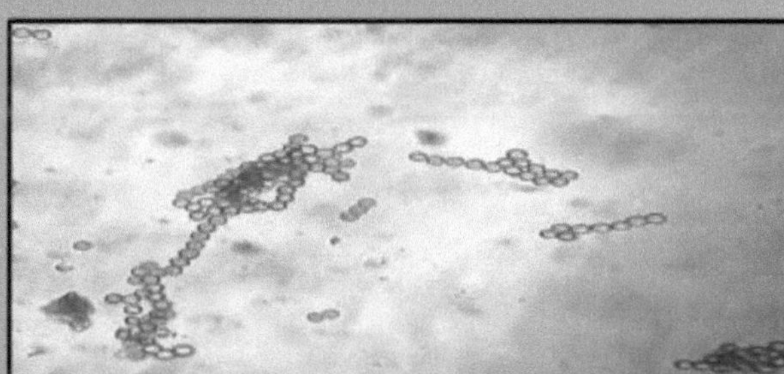

Conidia

Plate 7: *Aspergillus candidus* on grain their fungal growth and conidia

2. ***Aspergillus flavus***

Sintomas no grão: A colónia na semente está geralmente espalhada e é verde-amarela muito clara, verde-amarela profunda, castanha-azeitona ou castanha. Os conidióforos estão inchados apicalmente e apresentam numerosas células portadoras de conídios (fialídeos) com conídios em cadeias longas e secas. As cabeças dos conídios são tipicamente esféricas, dividindo-se em várias colunas mal definidas. (Placa 8)

Morfologia cultural: O seu crescimento é relativamente rápido e desenvolve colónias verde-azeitona. O reverso é geralmente cinzento-amarelado ou esbranquiçado. A textura era de lã a algodão e algo granular. O micélio era septado. Os conidióforos do fungo eram simples, não ramificados, incolores, transparentes e lisos. Os conídios eram hialinos, unicelulares e produzidos em cadeias. Eram globosos e elípticos a piriformes. (Placa 8)

2. ***Aspergillus nidulans***

Sintomas no grão: A colónia na semente cresce rapidamente, consistindo num micélio basal compacto a bastante solto, branco a ligeiramente verde. Os conidióforos eram lisos e de cor castanha clara e as cabeças dos conídios eram verde-escuras e colunares curtas, tipicamente verde-escuras, cobrindo toda a colónia. (Placa 9)

Morfologia cultural : O seu crescimento foi relativamente rápido e desenvolveu colónias verde-escuras e as cabeças dos conídios eram verde-escuras e colunares curtas e, no verso, são geralmente lustrosas ou

A. flavus on grain

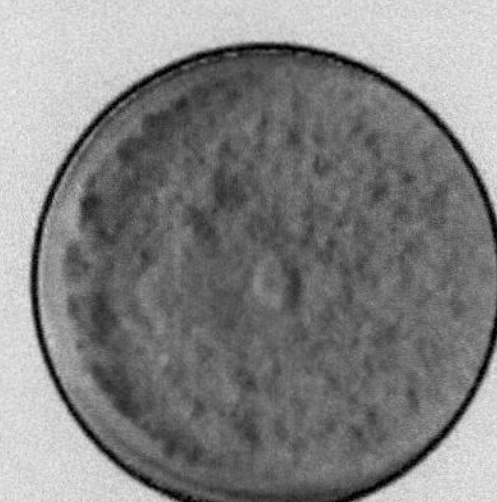

Fungal growth (Front look)

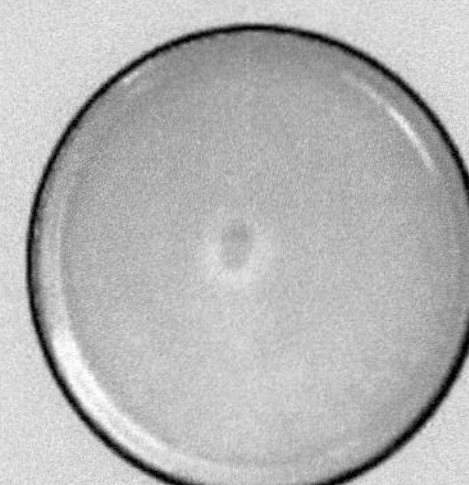

Fungal growth (reverse look)

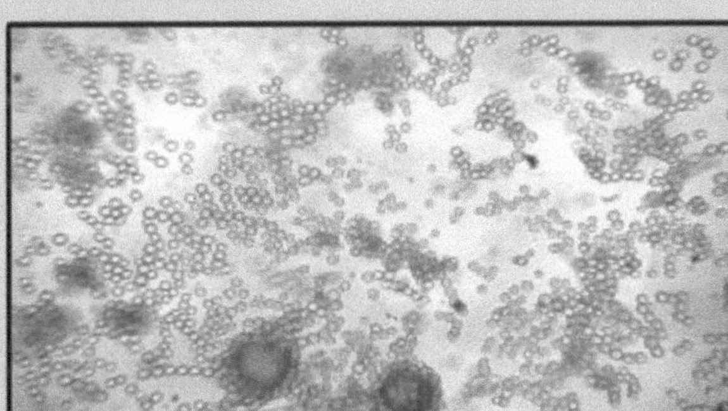

Conidia

Plate 8: *Aspergillus flavus* on grain their fungal growth and conidia

A. nidulans on grain

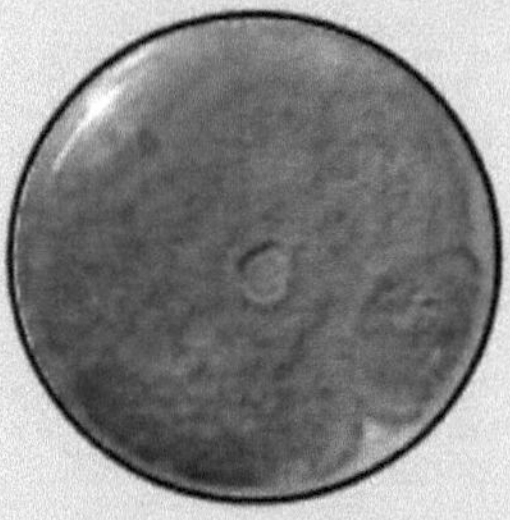

Fungal growth (Front look)

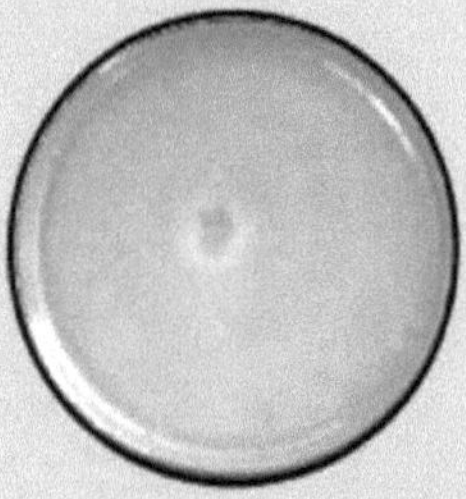

Fungal growth (reverse look)

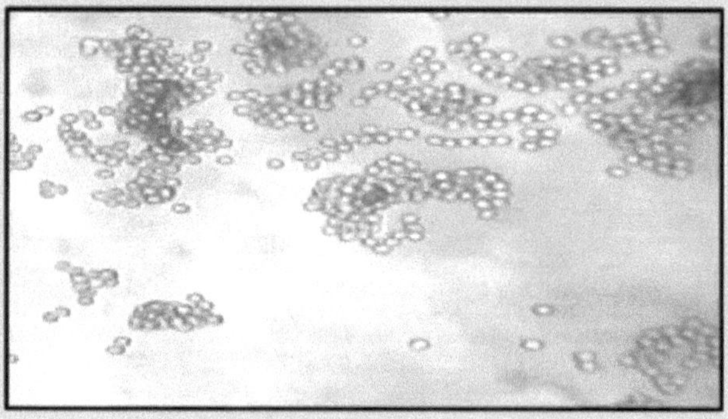

Conidia

Plate 9: *Aspergillus nidulans* on grain their fungal growth and conidia

cor amarela esbranquiçada a castanha. Os conidióforos eram lisos e de cor castanha clara, terminando em vesículas hemisféricas com esterigmas bisseriados. Os estrigmatas primários e secundários eram aproximadamente iguais em comprimento. Os conídios eram globosos e equinulados. (Placa 9)

3. *Aspergillus niger*

Sintomas no grão: A colónia na semente cresce lentamente, consistindo num micélio basal compacto a bastante solto, de cor branca a ligeiramente amarela, que apresenta estruturas conidiais abundantes, erectas e normalmente aglomeradas, tipicamente preto-carvão, mas por vezes castanho-escuro profundo, cobrindo toda a colónia, exceto uma margem estreita de crescimento. As cabeças dos conídios são tipicamente grandes e pretas, compactas no início, esféricas ou divididas em duas ou mais colunas soltas a razoavelmente bem definidas. (Placa 10)

Morfologia cultural: As colónias isoladas começam por ser brancas a amarelo-pálido, mas rapidamente formam conídios negros. O reverso é geralmente cinzento ou amarelo. Os conídios são esféricos e tornam-se mais ásperos com a maturidade. Os fialídeos surgem circunferencialmente e os conídios pretos obscurecem a vesícula. Os conídios pretos estendem-se circunferencialmente a partir da vesícula e obscurecem-na. (Placa 10)

4. *Aspergillus* sp.

Sintomas no grão: A colónia na semente cresce lentamente, consistindo num micélio basal compacto a bastante solto, de cor branca a ligeiramente amarela, que apresenta estruturas conidiais abundantes, erectas e geralmente aglomeradas, tipicamente de cor castanho-escura profunda, cobrindo toda a colónia, exceto uma margem estreita de crescimento. As cabeças dos conídios são tipicamente grandes e castanhas, compactas no início,

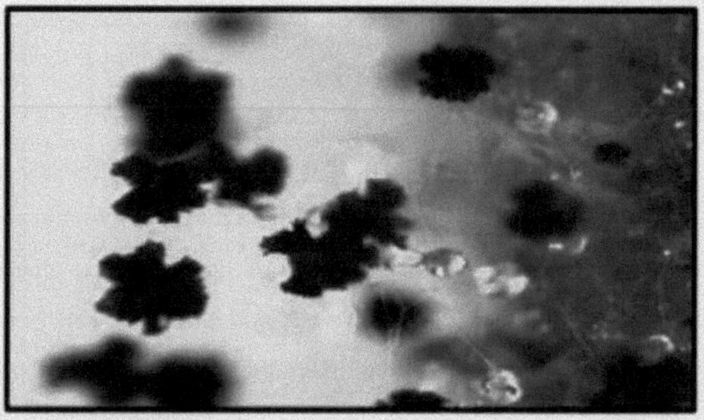

A. niger on grain

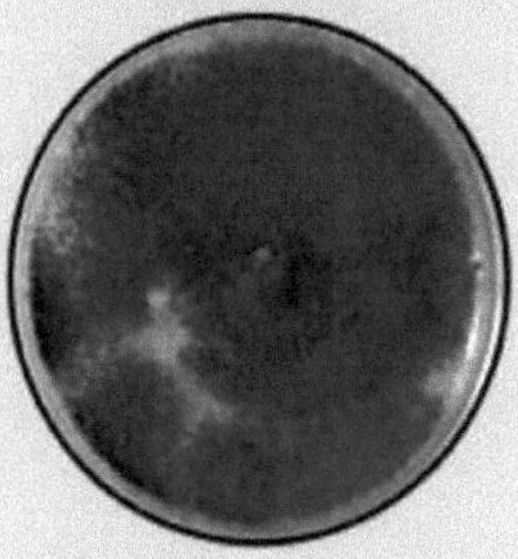

Fungal growth (Front look)

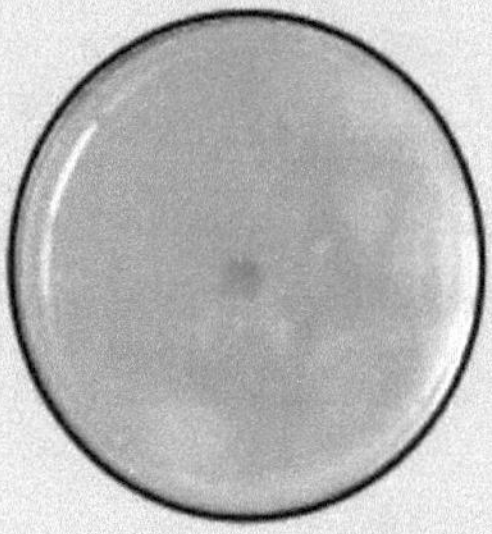

Fungal growth (Reverse look)

Conidia

Plate 10: *Aspergillus niger* on grain their fungal growth and conidia

esférica, ou dividida em duas ou mais colunas soltas a razoavelmente bem definidas. (Placa 11)

Morfologia cultural: O fungo isolado produziu micélio hialino a branco claro, cresceu rapidamente e transformou-se numa colónia branca a preta suja, que cobriu toda a placa de Petri. O reverso é geralmente cinzento-amarelado ou esbranquiçado. As hifas eram hialinas e septadas. Os conidióforos eram erectos, não ramificados, rectos, hialinos a castanhos claros, asseptados longos e mais escuros perto da vesícula. A vesícula era globosa, com paredes espessas e castanha a preta. Os conídios produzidos em cadeia eram globosos, unicelulares, castanhos claros a escuros na maturidade. (Placa 11)

5. *Cheatomium* sp.

Sintomas no grão: A colónia na semente é branca e a densidade do micélio varia de ligeira a densa. Os peritécios encontram-se na superfície da semente por baixo do micélio branco aéreo. (Placa 12)

Morfologia cultural: O crescimento inicial das colónias do fungo isolado era branco-algodão que mais tarde se tornou cinzento a cor de azeitona. No entanto, as colónias apareceram castanhas a pretas no verso. Os peritécios subglobosos ou elipsoides de cor castanha estavam quase cobertos por uma estrutura semelhante a pêlos negros encaracolados na superfície superior. Os ascos eram hialinos e clavados, contendo 8 ascósporos. Os ascósporos eram apiculados em ambas as extremidades. Os ascósporos eram de cor olivácea, elípticos ou um pouco em forma de limão. (Placa 12)

Aspergillus sp. on grain

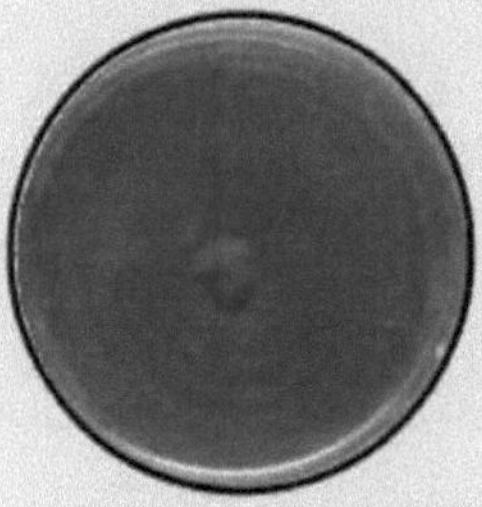

Fungal growth (Front look)

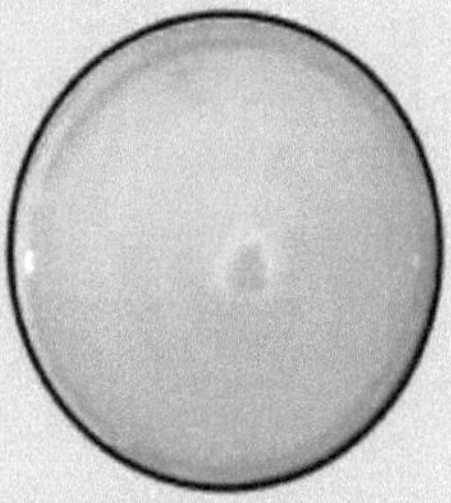

Fungal growth (Reverse look)

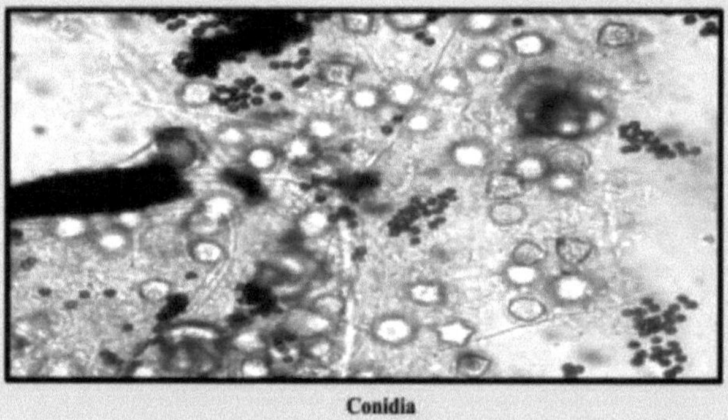

Conidia

Plate 11: *Aspergillus* sp. on grain their fungal growth and conidia

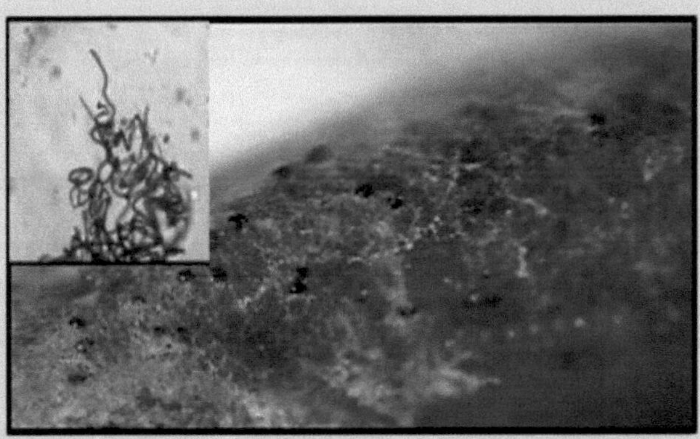

Cheatomium sp. on grain

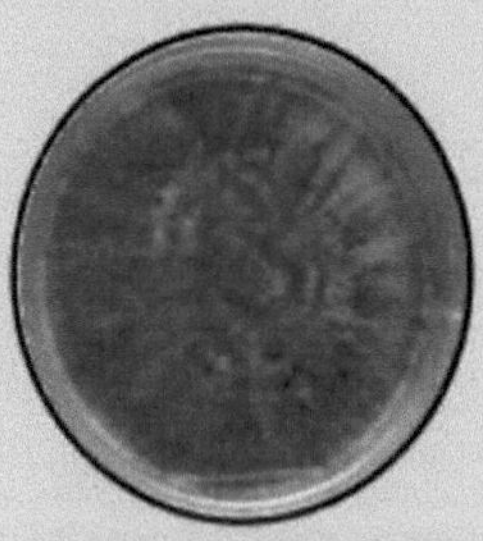

Fungal growth (Front look)

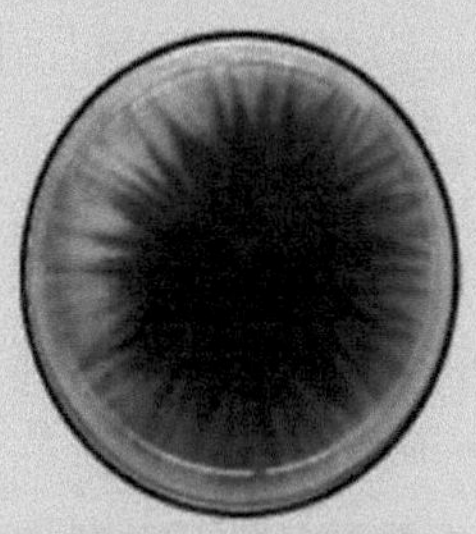

Fungal growth (Reverse look)

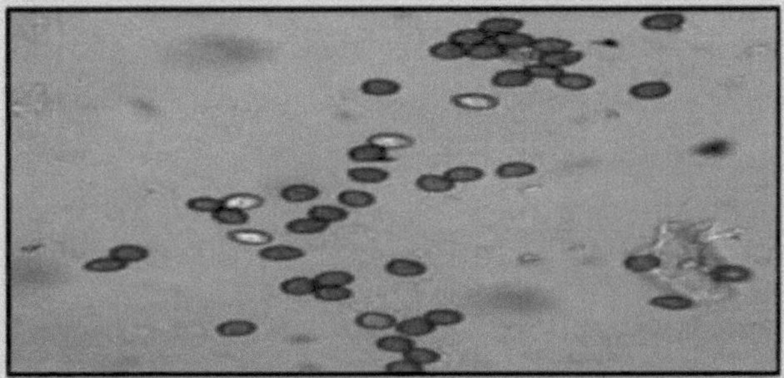

Conidia

Plate 12: *Cheatomium* sp. on grain their fungal growth and conidia

7. *Curvularia lunata*

Sintomas no grão: A colónia na semente é castanha, cinzenta ou preta, peluda, cotonosa ou em forma de almofada e espalha-se livremente. (Prato 13)

Morfologia cultural: As colónias eram pretas com micélio septado que crescia circularmente em placas de Petri e os lados inversos da placa de Petri semeavam o padrão circular preto acastanhado de crescimento. Os conidióforos eram solitários, rectos, castanhos escuros. Os conídios eram na sua maioria curvos, com curvatura nas células maiores, três septos e as células eram frequentemente hialinas, a célula central era maior e castanha escura, a célula apical era arredondada e de paredes lisas. (Placa 13)

8. *Curvularia* sp.

Sintomas nos cereais: As colónias são efusivas, castanho-escuras, aveludadas ou cotonosas. Os estromas são longos, muitas vezes ramificados, negros, formados frequentemente em ágar batata-dextrose e sempre em grãos. (Prato 14)

Morfologia cultural: A colónia do isolado era efusa, cinzenta e castanho-escura, aveludada ou cotonosa. No verso da placa de Petri foi semeado o crescimento fúngico castanho-escuro enegrecido. Os conidióforos surgem individualmente ou em grupos, terminal e lateralmente nas hifas, também nos estromas, simples ou pouco ramificados, rectos ou flexuosos, por vezes geniculados, castanho-avermelhados e frequentemente mais pálidos perto do ápice, lisos, septados; em substratos naturais. Os conídios são rectos ou ligeiramente curvos, amplamente fusiformes ou elipsoidais, quase sempre 4-distoseptados, lisos; a célula em cada extremidade é sub-hialina ou castanha muito pálida, e as células intermédias são castanhas a castanhas. Conídios

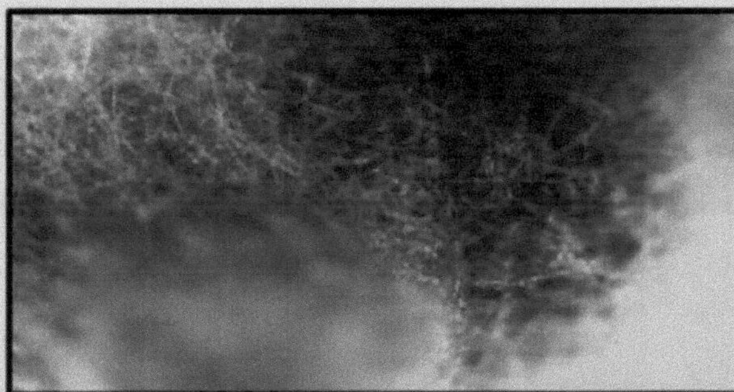

Curvulria lunata on grain

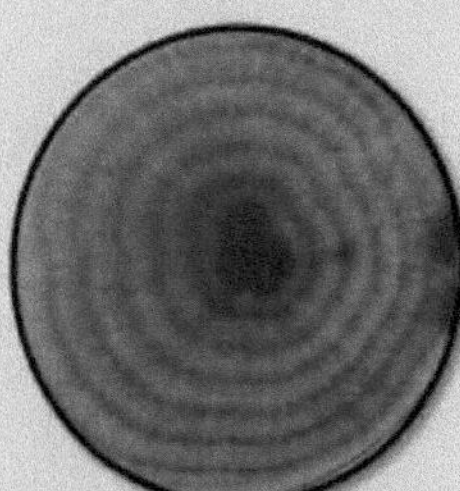

Fungal growth (Front look)

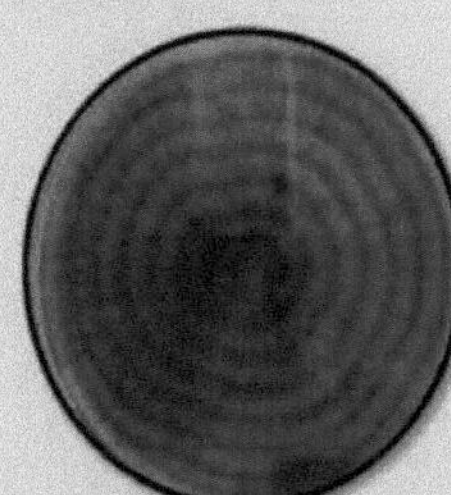

Fungal growth (Reverse look)

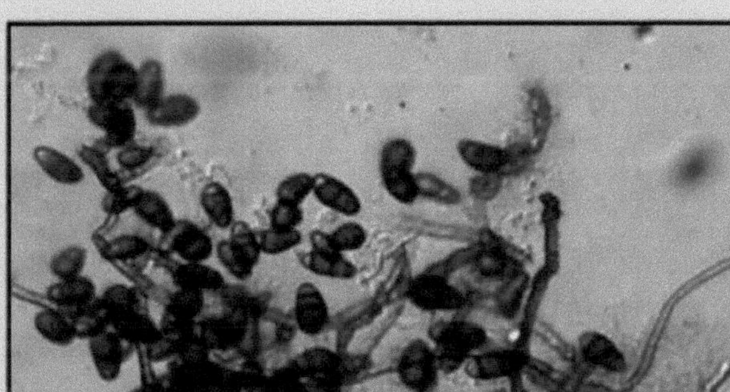

Conidia

Plate 13: *Curvularia lunata* on grain their fungal growth and conidia

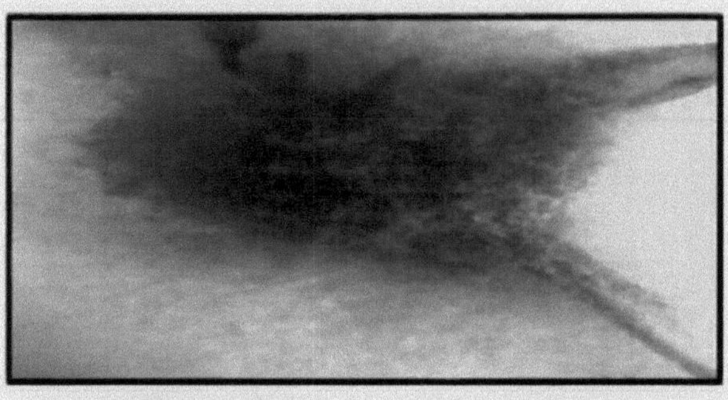

Curvularia sp. on grain

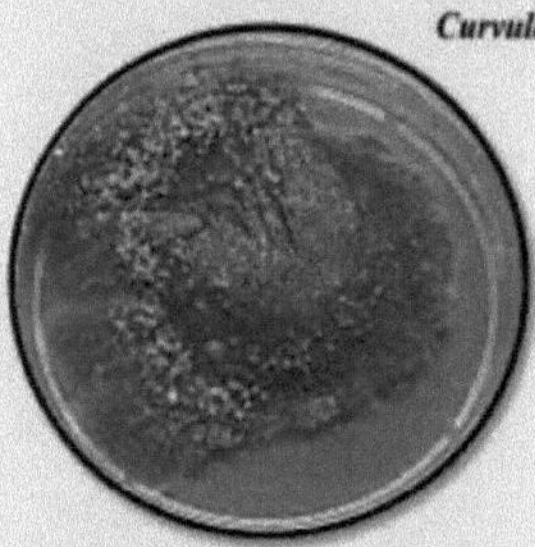

Fungal growth (Front look)

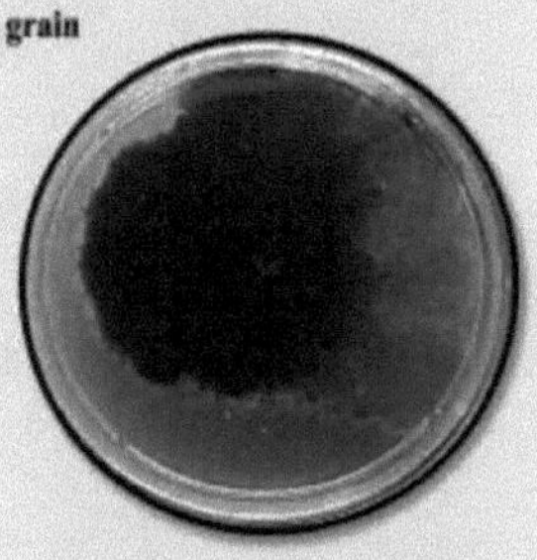

Fungal growth (Reverse look)

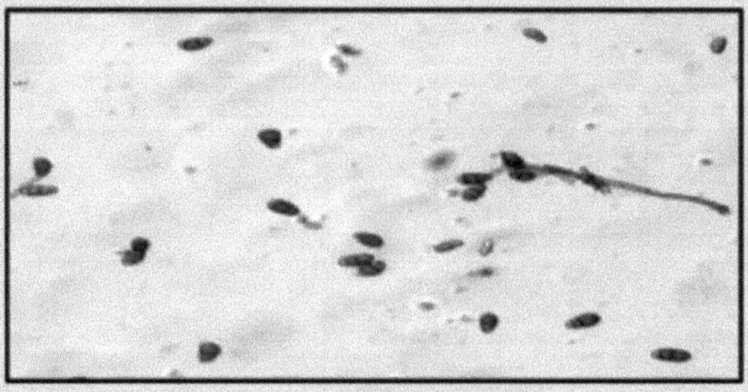

Conidia

Plate 14: *Curvularia* sp. on grain and their fungal growth and conidia

são longos, espessos e frequentemente curvos, mas raramente geniculados. Os estromas são ramificados. (Prato 14)

9. *Fusarium moniliforme*

Sintomas nos grãos: A colónia no grão cresce rapidamente, com micélio aéreo branco, muitas vezes tingido de púrpura, sobretudo no papel mata-borrão da placa de Petri. O micélio tem um aspeto pulverulento devido à presença de cadeias de microconídios. Ocasionalmente, estão presentes massas de esporos de cor castanha a laranja, de forma e tamanho irregulares. (Placa 15)

Morfologia cultural: As colónias do isolado eram inicialmente brancas a laranja claro, tornando-se mais tarde num crescimento branco-rosado com cor púrpura em meio PDA. O verso da placa de Petri mostra o crescimento de fungos brancos. O crescimento dos micélios consiste em agregados ou soltos com cadeias dispersas de micro conídios. Os microconídios eram hialinos, produzidos em cadeia monilial, na sua maioria unicelulares, mas raramente com um septo. A sua forma era oval ou em forma de taco com uma base achatada. Os macroconídios foram produzidos em macroconidióforos. Eram hialinos, 37 septados, delgados e falcados a quase rectos e afilados em ambas as extremidades. Eram ligeiramente curvados na ponta, com paredes finas e a célula apical ligeiramente curvada e afunilada em ambas as extremidades. (Placa 15)

10. *Fusarium* sp.

Sintomas no grão: A colónia no grão cresce rapidamente, com micélio aéreo branco, muitas vezes tingido de cor-de-rosa, sobretudo no papel mata-borrão da placa de Petri. (Prato 16)

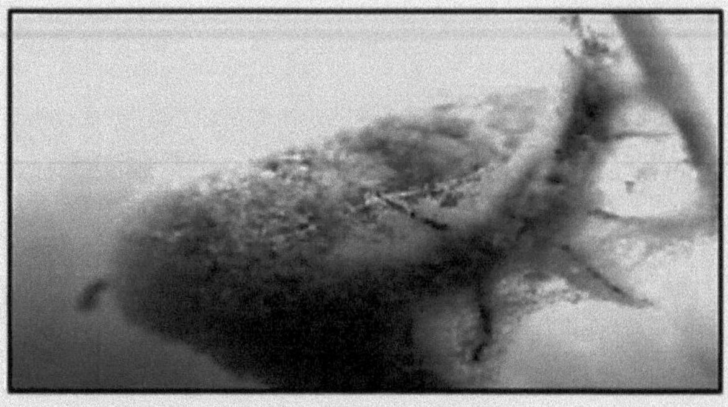

***F. moniliforme* on grain**

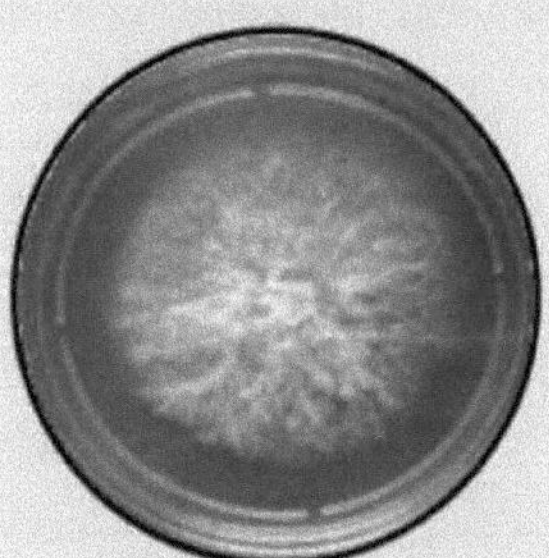

Fungal growth (Front look)

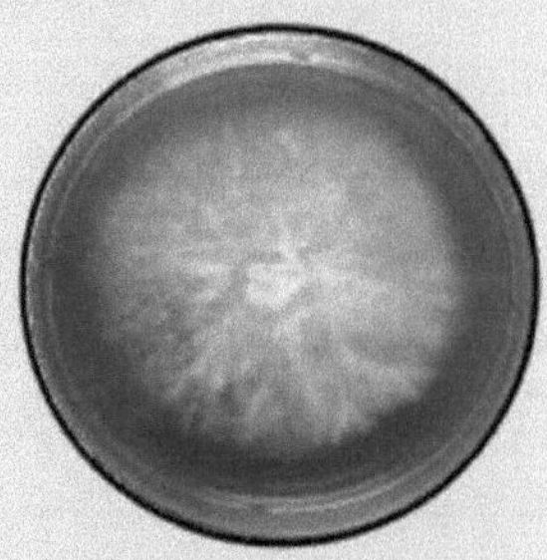

Fungal growth (Reverse look)

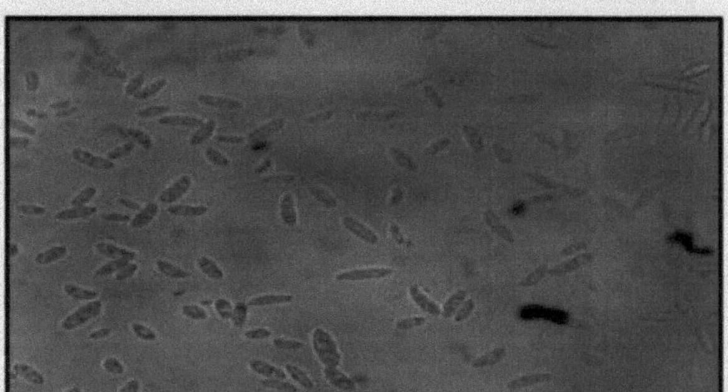

Conidia

Plate 15: *Fusarium moniliforme* on grain their fungal growth and conidia

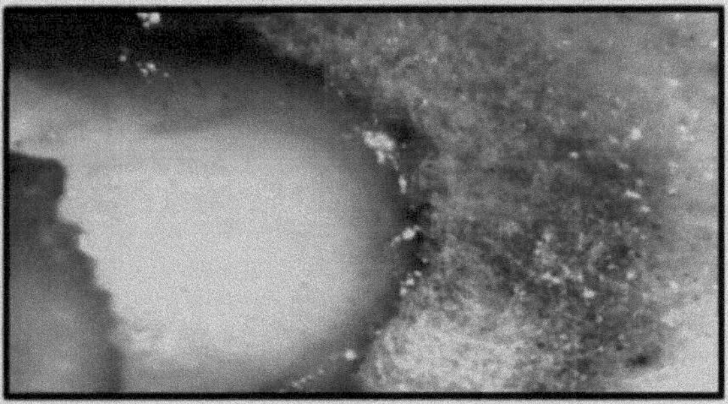

Fusarium sp. on grain

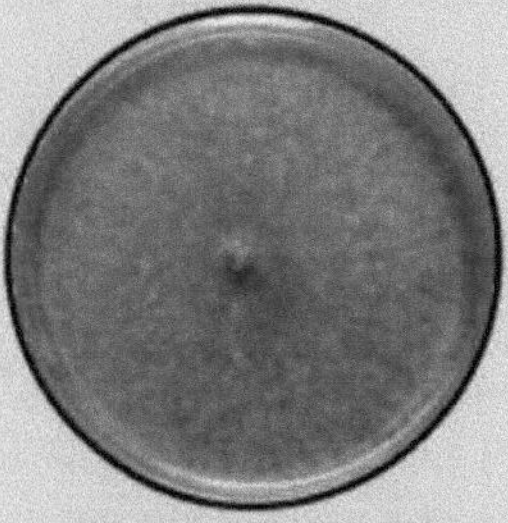

Fungal growth (Front look)

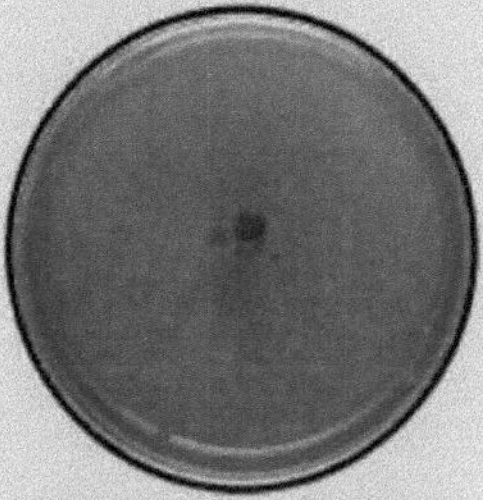

Fungal growth (Reverse look)

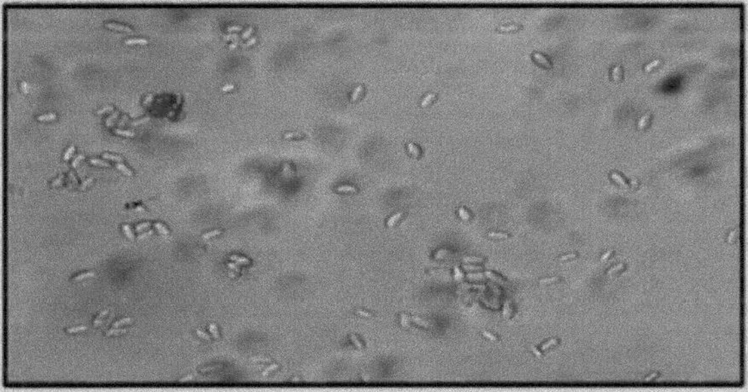

Conidia

Plate 16: *Fusarium* sp. on grain their fungal growth and conidia

Morfologia cultural: A colónia do isolado cresceu rapidamente, desenvolveu-se um crescimento micelial branco e a base do crescimento tem uma coloração rosada. Os lados invertidos da placa de Petri mostraram o meio de cultura de cor rosada. Os microconídios estão presentes em conidióforos simples e curtos que surgem lateralmente nas hifas. Estes são ovais a cilíndricos, rectos a curvos, enquanto os macroconídios têm 1 - 5 septos, mais frequentemente com 2-3 conídios septados. Os macroconídios também são formados em abundância, com uma célula apical atenuada e uma célula basal pedicelada, geralmente com 3-5 septos, produzidos em monofiálides ou esporodóquios curtos, ramificados ou não ramificados. (Prato 16)

4.2.5 Efeito na humidade das sementes

Os dados relativos à percentagem média de humidade das sementes após 8 meses de armazenamento são apresentados no Quadro 4.8. A humidade média por cento das sementes mostrou diferenças significativas entre as variedades. A humidade média mais baixa das sementes, 11,13%, foi registada na variedade de grão fino GNR-4. As variedades Gurjari, GR-4 e GNR-3 estavam no mesmo nível da GNR-4. A humidade média mais elevada das sementes, 12,90%, foi registada na variedade de grão longo e fino NAUR-1.

Quadro 4.8: Efeito na humidade das sementes durante o armazenamento

Sr. No.	Variety	Seed moisture (%)*
1	GR-4	19.97 (11.15)**
2	GNR-3	20.20 (11.18)
3	GNR-4	19.75 (11.13)
4	Gurjari	20.07 (11.14)
5	NAUR-1	21.05 (12.90)
S.Em±		0.25
CD at 5 %		0.75
C.V. (%)		2.31

**Os valores retransformados são apresentados entre parênteses
*Média de oito meses

A tendência da percentagem de humidade das sementes desde o armazenamento inicial até aos 8 meses é apresentada na fig. 4. A maior tendência de aumento foi observada na variedade NAUR-1 e a menor na variedade GNR-4.

4.2.6 Correlação entre a micoflora das sementes e a humidade das sementes

Quadro 4.9: Correlação entre a percentagem de micoflora da semente e a humidade da semente (por variedade)

Sr. No.	Variety	Correlation co-efficient "r"
		Av. per cent seed moisture*
1	GR-4	0.98575
2	GNR-3	0.92917
3	GNR-4	0.99224
4	Gurjari	0.75632
5	NAUR-1	0.75271

* Nível de significância a 5% (± 0,70477)

Os valores do coeficiente de correlação entre as variedades de arroz (Quadro 4.9) revelaram uma correlação altamente positiva entre a humidade das sementes e a micoflora das sementes.

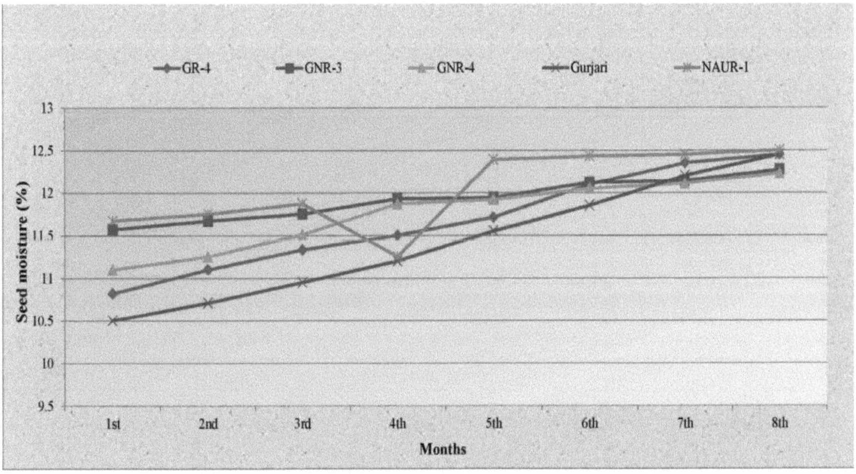

Fig. 4: Percentagem de humidade das sementes desde o início até aos 8 meses de armazenamento

Os resultados do presente estudo foram mais ou menos semelhantes aos resultados relatados por estudos anteriores (Paderes *et al.*, 1997 e Mazen *et al.*, 1993). Eles relataram que a micoflora da semente aumenta com o aumento da humidade da semente e resulta em apodrecimento e perda de viabilidade da semente. Foi observada uma elevada população de fungos da espécie *Aspergillus* no arroz armazenado a níveis elevados de humidade (Paderes *et al.*, 1997).

Além disso, a maior variação no teor de humidade e a maior incidência de *Aspergillus flavus* e *Rhizopus stolonifer* foram encontradas em sementes de arroz armazenadas em condições ambientais (Gupta, 2010).

Foi relatada uma relação significativa entre os fungos e o teor de humidade das sementes durante o estudo dos fungos de armazenamento e da saúde das sementes de arroz (Misra *et al.*, 1995).

4.2.5 Efeito na germinação e no índice de vigor das sementes

Foi observada uma diferença significativa na percentagem de germinação das sementes e no índice de vigor de várias variedades de arroz, como se pode ver no Quadro 4.10 (Placa 17). A percentagem de germinação das sementes diminuiu durante 8 meses de armazenamento em cinco variedades de arroz. A maior percentagem de germinação de sementes foi registada na GNR-3 (96,16%), seguida da Gurjari (94,41%) e da GR-4 (94,30%).

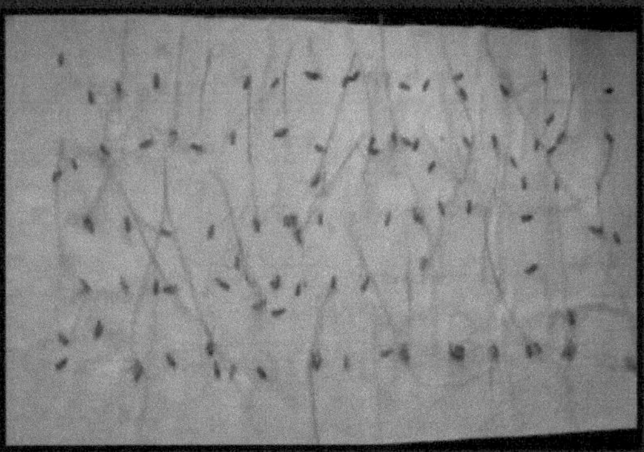

Paper towel method

Plastic tray

Plate 17: Seed germination in paper towel and plastic tray methods

Quadro 4.10: Efeitos na germinação das sementes e no índice de vigor

Sr. No.	Variety	Seed germination (%)*	Seed vigour index
1	GR-4	76.19 (94.30)**	1461.34
2	GNR-3	79.40 (96.16)	1582.69
3	GNR-4	73.82 (92.89)	1445.14
4	Gurjari	76.38 (94.41)	1526.58
5	NAUR-1	70.86 (89.91)	1495.03
S.Em±		1.83	23.25
CD at 5 %		4.25	66.74
C.V. (%)		6.92	4.38

** Os valores retransformados são apresentados entre parênteses
*Média de oito meses

A percentagem mais baixa de germinação de sementes foi registada na NAUR- 1 (89,91%). A GNR-4 foi igual à NAUR-1.

O índice de vigor aumentou durante o armazenamento, o índice de vigor mais elevado foi registado em sementes arrojadas de GNR-3 (1582,69), seguido de Gurjari (1526,58) e o índice de vigor mais baixo foi registado em sementes finas de GNR-4 (1445,14). As duas variedades restantes, NAUR-1 e GR-4, foram iguais à GNR-4.

A tendência da percentagem de germinação das sementes desde o armazenamento inicial até aos 8 meses registou a maior tendência decrescente na variedade NAUR-1 e a menor na variedade GNR-3. Por outro lado, o índice de vigor mais elevado registou-se na variedade GNR-3, de grão arrojado, e o mais baixo na variedade GNR-4, de grão fino.

4.2.8 Correlação entre a micoflora das sementes e a germinação das sementes

A correlação de por cento de micoflora de sementes com por cento de germinação de sementes e índice de vigor foi mencionada no Quadro 4.11.

Quadro 4.11: Correlação da percentagem de micoflora da semente com a germinação da semente e o índice de vigor (por variedade)

Sr. No.	Variety	Correlation co-efficient "r"	
		Germination (%)	Vigour index
1	GR-4	-0.95941	0.73549
2	GNR-3	-0.90398	0.98605
3	GNR-4	-0.96723	0.82705
4	Gurjari	-0.98864	0.99329
5	NAUR-1	-0.93049	0.95980

* Nível de significância a 5% (± 0,70477)

A partir dos valores do coeficiente de correlação, verifica-se que a percentagem de micoflora das sementes está significativamente correlacionada de forma negativa com a percentagem de germinação das sementes, independentemente das variedades de arroz. Por outro lado, o índice de vigor mostrou uma correlação positiva altamente significativa com a percentagem de micoflora das sementes.

Os resultados actuais estão em conformidade com Imolehin (1983). Ele relatou a correlação significativa altamente negativa entre a infeção de sementes por micoflora e a germinação de sementes em laboratório para todas as cultivares testadas. Da mesma forma, Islam *et al.* (2012) verificaram que a germinação das sementes diminuía com o aumento da infeção das sementes, independentemente da sua origem no arroz. A presença de *Aspergillus* spp., especialmente *A. niger* e *A. flavus* em sementes de arroz em frequências mais elevadas e a sua associação com sementes não germinadas de arroz confirmaram que as espécies de *Aspergillus*, embora ocorram como saprófitas, podem causar baixa germinação em sementes (Uma e Wesely, 2013).

4.2.9 Efeito no peso de 1000 sementes (g)

Os dados relativos ao peso da semente (Tabela 4.12) revelaram que não houve diferença significativa no peso da semente durante o armazenamento nas variedades de arroz testadas.

Tabela 4.12: Efeito do período de armazenamento no peso das sementes

Sr. No.	Variety	Seed weight (g)*
1	GR-4	19.84
2	GNR-3	22.08
3	GNR-4	20.37
4	Gurjari	22.51
5	NAUR-1	21.53
S.Em±		-
CD at 5 %		NS
C.V. (%)		0.45

* Média de oito meses

4.3 Gestão ecológica

4.3.1 Efeito na micoflora das sementes

Os dados relativos ao efeito de diferentes materiais de embalagem das sementes, do tratamento das sementes e da sua interação na micoflora das sementes (Quadro 4.13) revelaram diferenças significativas

Quadro 4.13 Efeito dos materiais de embalagem e dos tratamentos de sementes na micoflora das sementes

Sr. No.	Treatment	Seed mycoflora (%)*
(A)	**Packaging materials (P)**	
1	Plastic bag (P_1)	34.69 (32.40)**
2	Cloth bag (P_2)	32.45 (28.55)
3	Gunny bag (P_3)	30.20 (25.30)
S.Em±		0.18
CD at 5%		0.54
(B)	**Seed treatment (S)**	
1	Castor leaf powder (S_1)	33.07 (29.66)
2	Neem leaf powder (S_2)	29.38 (24.01)
3	Ocimum leaf powder(S_3)	34.02 (31.30)
4	Lantana leaf powder (S_4)	33.92 (31.11)
5	Thiram (Check) (S_5)	25.90 (19.07)
6	Thiram + Carboxin (Check) (S_6)	29.34 (23.94)
7	Control (Without treatment) (S_7)	38.07 (38.25)
S.Em±		1.32
CD at 5%		3.96
(C)	**Interaction effect (P × S)**	
1	P_1S_1	34.79 (32.57)
2	P_1S_2	31.45 (27.30)
3	P_1S_3	38.54 (38.75)
4	P_1S_4	35.64 (33.89)
5	P_1S_5	28.24 (22.33)
6	P_1S_6	32.43 (28.71)
7	P_1S_7	41.73 (44.25)
8	P_2S_1	33.08 (29.66)
9	P_2S_2	30.16 (25.30)
10	P_2S_3	36.13 (34.71)
11	P_2S_4	33.73 (30.79)
12	P_2S_5	26.24 (19.49)
13	P_2S_6	28.85 (23.36)
14	P_2S_7	38.95 (39.43)
15	P_3S_1	31.33 (26.99)
16	P_3S_2	26.52 (19.91)
17	P_3S_3	34.69 (32.40)
18	P_3S_4	32.39 (28.71)
19	P_3S_5	23.23 (15.65)
20	P_3S_6	26.74 (20.19)
21	P_3S_7	36.52 (35.38)
S.Em±		1.95
CD at 5%		5.85
C.V. (%)		4.51

** Os valores retransformados são apresentados entre parênteses

* Média de oito meses

entre materiais de embalagem de sementes, tratamentos de sementes e sua interação. A menor incidência de micofloras (25,30%) foi encontrada em sementes armazenadas em sacos de artilharia e a maior (32,40%) em sacos plásticos.

As sementes tratadas com materiais vegetais e fungicidas foram significativamente superiores às sementes não tratadas. A micoflora de sementes mais baixa (19,07%) foi observada nas sementes tratadas com thiram entre todos os tratamentos. Do tratamento de sementes com materiais vegetais, o pó de folhas de neem registou a micoflora de sementes mais baixa (24,01%) em comparação com outros tratamentos de sementes com materiais vegetais. Seguiu-se o pó de folhas de rícino (29,66%) e não houve diferença significativa entre os tratamentos com pó de folhas de nim e de rícino. Mas foi encontrada uma diferença significativa entre o tirame e os tratamentos com materiais vegetais.

Quanto ao efeito de interação, as sementes tratadas com thiram e armazenadas em sacos de artilharia apresentaram a micoflora de sementes mais baixa (15,65%). Não foi observada uma diferença significativa entre as sementes tratadas com qualquer material de embalagem. As sementes tratadas com pó de folhas de nim e armazenadas em sacos de artilharia apresentaram menor incidência de micoflora nas sementes (19,91%), o que foi igual ao das sementes tratadas com pó de folhas de nim e armazenadas em sacos de pano.

A percentagem mais elevada de micoflora de sementes aumentou desde o início até aos 8 meses de armazenamento em vários materiais de embalagem e diferentes tratamentos de sementes, como se pode ver na figura 5. A maior tendência de aumento foi observada no saco de plástico em comparação com o saco de pano e o saco de artilharia.

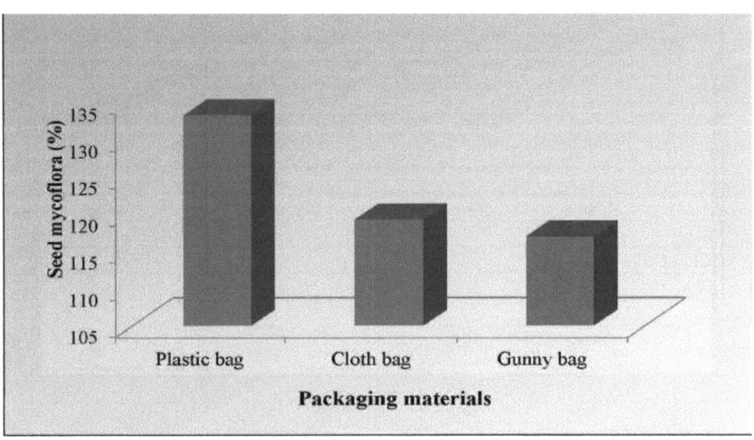

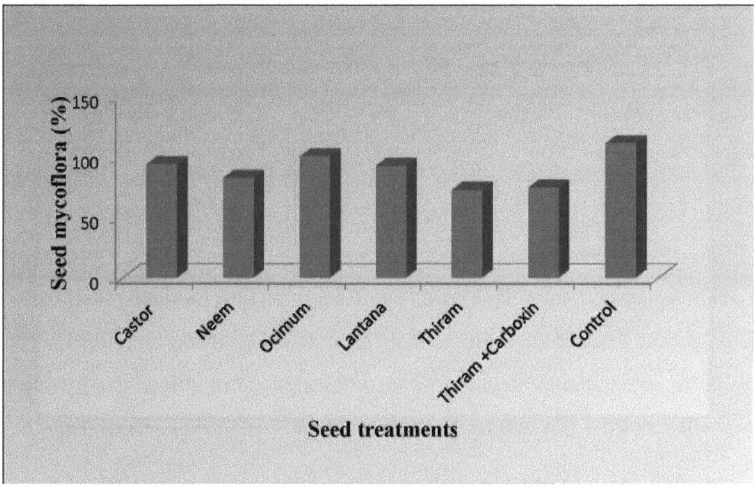

Fig. 5: A percentagem da micoflora das sementes aumentou desde o início a após 8 meses de armazenamento

Estes resultados estão de acordo com os resultados de Gupta (2010), que relatou que o tratamento de sementes com thiram foi considerado muito eficaz na redução da incidência de micoflora em comparação com sementes não tratadas durante todo o período de armazenamento.

A eficácia dos materiais vegetais no controlo da micoflora das sementes pode ser indicativa da presença de compostos antifúngicos. O componente principal de *Azadirechta indica* e *Ricinus communis* foi identificado como o composto antifúngico trissulfureto cíclico, tetrassulfureto cíclico e miconazol, respetivamente. (Pant *et al.,* 1986 e Fromtling, 1988)

O tratamento de sementes com o extrato de alho, o extrato de folhas de neem, gagra e vatpata reduziu a prevalência de doenças transmitidas por sementes de trigo e foi eficaz contra *Curvularia lunata* e Fusarium spp. transmitidas por sementes (Rehman *et al.*, 1998, Mondall *et al.*, 2009).

Os resultados dos materiais de embalagem não são totalmente coerentes com os resultados dos trabalhos de outros investigadores. Thakur e Gupta (2008) demonstraram que o saco de juta tinha uma boa capacidade de armazenamento de grãos de arroz, mesmo quando estava totalmente exposto a um ambiente aberto, em comparação com o saco de polipropileno tecido e a lona. O saco de juta apresenta uma boa troca de humidade entre o arroz e o ambiente e vice-versa, o que resulta em menos danos. Choudhary *et al.* (2011) referem que as sementes armazenadas em sacos de polietileno sofreram menos infecções do que as armazenadas em sacos de pano. Isto pode dever-se a um aumento do teor de humidade das sementes armazenadas em sacos de pano.

No presente estudo, a maior prevalência de micoflora de sementes encontrada no saco de plástico pode dever-se ao facto de as sementes não terem sido completamente secas antes de serem seladas e a humidade retida permanecer no interior durante um período mais longo, ao passo que no saco de artilharia e no saco de pano, houve uma troca suficiente de humidade entre as sementes de arroz e o ambiente. Além disso, as sementes foram armazenadas de janeiro a agosto à temperatura ambiente.

4.3.2 Efeito na humidade das sementes

Os dados relacionados ao efeito de diferentes materiais de embalagem de sementes, tratamento de sementes e sua interação na umidade das sementes (Tabela 4.14) revelaram a diferença significativa entre os materiais de embalagem de sementes, tratamentos de sementes e sua interação. A umidade das sementes mais baixa (11,80%) foi encontrada nas sementes armazenadas em sacos de artilharia e a mais alta (12,91%) em sacos plásticos.

As sementes tratadas com materiais vegetais e fungicidas foram significativamente superiores às sementes não tratadas. A humidade das sementes mais baixa (12,14%) foi observada nas sementes tratadas com thiram entre todos os tratamentos. Do tratamento de sementes com materiais vegetais, o pó de folhas de nim registou a humidade de sementes mais baixa (12,15%) em comparação com outros tratamentos de sementes com materiais vegetais. Seguiu-se o pó de folhas de mamona (12,27%) e não houve diferença significativa entre os tratamentos com pó de folhas de nim e de mamona.

Quadro 4.14: Efeito dos materiais de embalagem e dos tratamentos de sementes na humidade das sementes

Sr. No.	Treatment	Seed moisture (%)*
(A)	**Packaging materials (P)**	
1	Plastic bag (P_1)	20.62 (12.91)**
2	Cloth bag (P_2)	20.01 (12.16)
3	Gunny bag (P_3)	19.71 (11.80)
S.Em±		0.02
CD at 5%		0.05
(B)	**Seed treatment (S)**	
1	Castor leaf powder (S_1)	20.10 (12.27)
2	Neem leaf powder (S_2)	20.00 (12.15)
3	Ocimum leaf powder(S_3)	20.23 (12.43)
4	Lantana leaf powder (S_4)	20.05 (12.21)
5	Thiram (Check) (S_5)	19.99 (12.14)
6	Thiram + Carboxin (Check) (S_6)	20.04 (12.20)
7	Control (Without treatment) (S_7)	20.39 (12.63)
S.Em±		0.07
CD at 5%		0.21
(C)	**Interaction effect (P × S)**	
1	P_1S_1	20.64 (12.94)
2	P_1S_2	20.53 (12.80)
3	P_1S_3	20.64 (12.94)
4	P_1S_4	20.51 (12.78)
5	P_1S_5	20.35 (12.58)
6	P_1S_6	20.50 (12.76)
7	P_1S_7	20.90 (13.26)
8	P_2S_1	19.90 (12.03)
9	P_2S_2	19.81 (11.92)
10	P_2S_3	20.12 (12.30)
11	P_2S_4	19.90 (12.03)
12	P_2S_5	19.72 (11.81)
13	P_2S_6	19.94 (12.08)
14	P_2S_7	20.20 (12.39)
15	P_3S_1	19.67 (11.75)
16	P_3S_2	19.58 (11.65)
17	P_3S_3	19.94 (12.08)
18	P_3S_4	19.66 (11.74)
19	P_3S_5	19.54 (11.60)
20	P_3S_6	19.64 (11.72)
21	P_3S_7	20.01 (12.16)
S.Em±		0.31
CD at 5 %		0.95
C.V. (%)		0.66

** Os valores retransformados são apresentados entre parênteses

* Média de oito meses

As sementes armazenadas em sacos de artilharia após os tratamentos de sementes, exceto o tratamento de sementes com pó de folhas de ocimum, foram significativamente superiores às outras combinações.

A percentagem de humidade das sementes aumenta desde o início até aos 8 meses de armazenamento em vários materiais de embalagem. A maior tendência de aumento foi observada no saco de plástico, em comparação com o saco de pano e o saco de artilharia, como mostra a figura 6.

Os resultados não estão totalmente de acordo com os resultados de Ramanadane e Rettinassababady (2008), que avaliaram quatro tipos diferentes de sacos: saco de pano, saco de polietileno de alta densidade (HDPE), saco de pano polilinhado e super saco. A taxa de aumento do teor de humidade das sementes foi significativamente mais elevada no saco de pano, seguido do HDPE, do que no saco de tecido polilinhado e no super saco. O teor de humidade aumentou com o período de armazenamento das sementes de sorgo e as sementes altamente infectadas apresentaram um teor de humidade elevado (Owolade *et al.*, 2011).

4.3.3 Efeito sobre a germinação e o vigor das sementes

Os dados relacionados ao efeito de diferentes materiais de embalagem de sementes, tratamento de sementes e sua interação na germinação e vigor das sementes (Tabela 4.15) revelaram diferenças significativas entre os materiais de embalagem de sementes, tratamentos de sementes e sua interação. A germinação mais alta (93,47%) e o índice de vigor (1487,40) foram encontrados em sementes armazenadas em sacos de artilharia. Por outro lado, a germinação mais baixa (88,64%) e o índice de vigor (1302,14) foram observados em sacos plásticos.

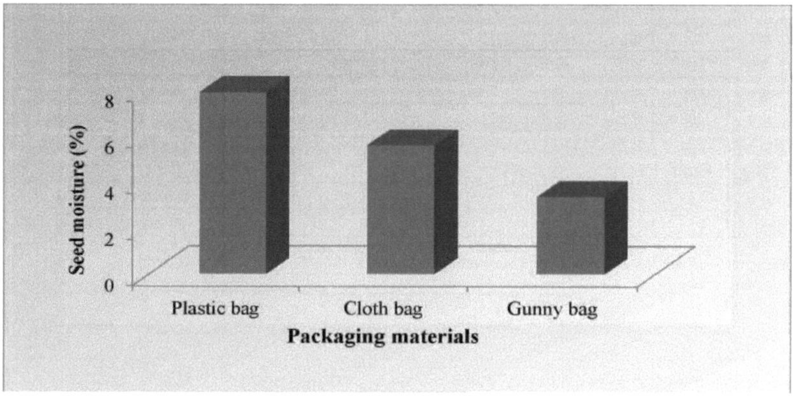

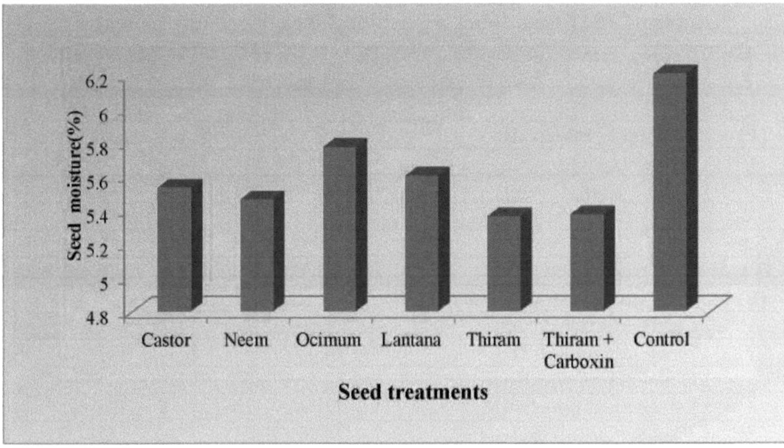

Fig. 6: Percentagem de humidade das sementes aumentada a partir do valor inicial a após 8 meses de armazenamento

Quadro 4.15: Efeito sobre a germinação e o vigor das sementes

Sr. No.	Treatment	Seed germination (%)*	Vigour index*
(A)	**Packaging materials**		
1	Plastic bag (P_1)	70.35 (88.64)**	1302.14
2	Cloth bag (P_2)	73.10 (91.55)	1432.61
3	Gunny bag (P_3)	75.18 (93.47)	1487.40
S.Em±		0.18	5.47
CD at 5%		0.54	16.41
(B)	**Seed treatment (S)**		
1	Castor leaf powder (S_1)	73.69 (92.12)	1423.93
2	Neem leaf powder (S_2)	74.40 (92.77)	1496.16
3	Ocimum leaf powder(S_3)	72.58 (91.06)	1356.05
4	Lantana leaf powder (S_4)	72.78 (91.26)	1419.83
5	Thiram (Check) (S_5)	74.90 (93.21)	1523.73
6	Thiram + Carboxin (Check) (S_6)	73.07 (91.55)	1429.55
7	Control (Without treatment) (S_7)	68.71 (86.80)	1202.43
S.Em±		0.27	8.36
CD at 5%		0.82	25.07
(C)	**Interaction effect (P × S)**		
1	P_1S_1	72.15 (90.65)	1360.00
2	P_1S_2	72.91 (91.35)	1419.06
3	P_1S_3	67.14 (84.86)	1139.23
4	P_1S_4	69.90 (88.19)	1339.39
5	P_1S_5	72.54 (90.95)	1426.79
6	P_1S_6	70.88 (89.29)	1350.15
7	P_1S_7	66.89 (84.61)	1080.35
8	P_2S_1	73.62 (92.03)	1497.99
9	P_2S_2	76.19 (94.31)	1526.58
10	P_2S_3	73.90 (92.31)	1420.40
11	P_2S_4	72.80 (91.26)	1427.58
12	P_2S_5	75.35 (93.77)	1530.83
13	P_2S_6	72.56 (91.06)	1427.66
14	P_2S_7	68.86 (86.75)	1197.24
15	P_3S_1	75.29 (93.56)	1479.09
16	P_3S_2	76.38 (94.47)	1571.43
17	P_3S_3	70.99 (88.30)	1270.81
18	P_3S_4	75.64 (93.82)	1504.81
19	P_3S_5	77.81 (95.53)	1613.57
20	P_3S_6	75.78 (93.98)	1510.85
21	P_3S_7	74.40 (92.77)	1461.21
S.Em±		1.14	21.95
CD at 5 %		3.43	65.87
C.V. (%)		5.0	4.15

** Os valores retransformados são apresentados entre parênteses

*Média de oito meses

Todos os tratamentos de sementes foram considerados significativamente superiores a nenhum tratamento de sementes. A germinação de sementes mais alta (93,21%) e o índice de vigor (1523,73) foram encontrados no tratamento de sementes com thiram, que foi igual ao tratamento de sementes com pó de folhas de nim.

Os dados da interação revelaram que as sementes tratadas com thiram e armazenadas em sacos de arame apresentaram uma germinação de sementes mais elevada (95,53%) e um índice de vigor (1613,57) do que as outras combinações de tratamentos. Isto foi igual ao tratamento de sementes tratadas com pó de folhas de nim e armazenadas em sacos de artilharia.

A maior tendência para a diminuição da germinação e o menor aumento do índice de vigor foram observados nos sacos de plástico, em comparação com os outros dois materiais de embalagem testados. No que diz respeito aos tratamentos de sementes, observou-se uma tendência mínima de diminuição da germinação com um aumento máximo do índice de vigor no tirame, seguido do pó de folhas de nim (Fig. 7, Fig. 8).

Os resultados estão de acordo com os resultados de Gupta (2010), que referiu que a percentagem de germinação mais elevada foi registada em sementes tratadas embaladas em sacos de juta polilizados e armazenadas em condições ambientais, e que as sementes de diferentes cultivares de arroz tratadas com tirame aumentaram a germinação e o vigor das sementes. A percentagem de germinação das sementes diminuiu devido a sementes duras e podres (Ora *et al.*, 2011).

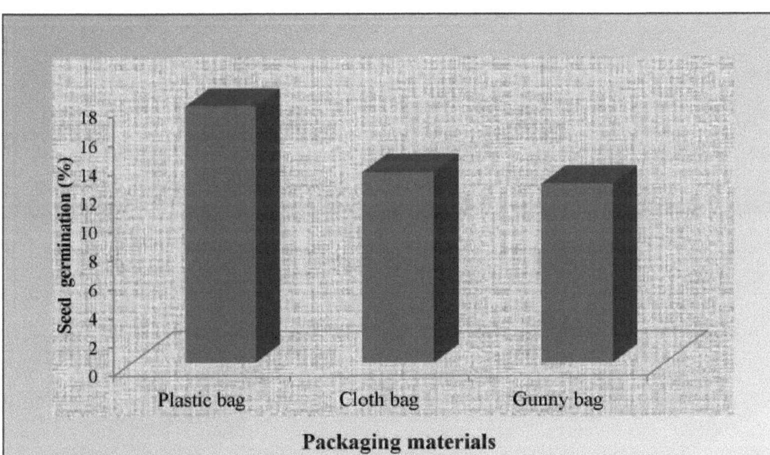

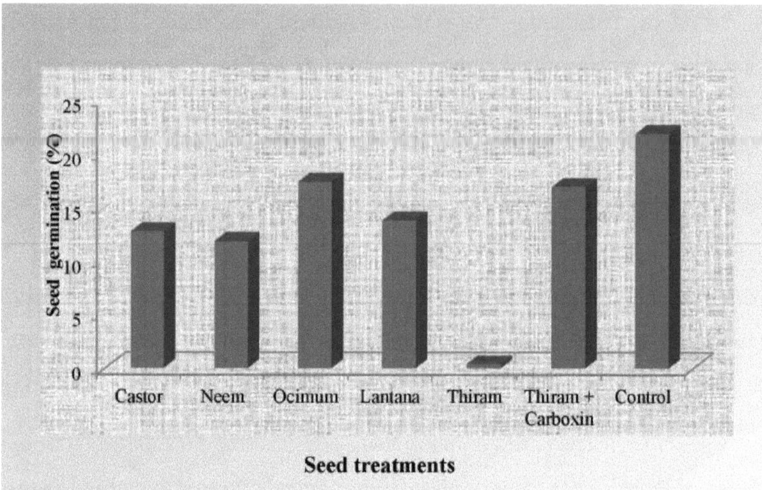

Fig. 7: A percentagem de germinação das sementes diminuiu em relação à percentagem iniciala após 8 meses de armazenamento

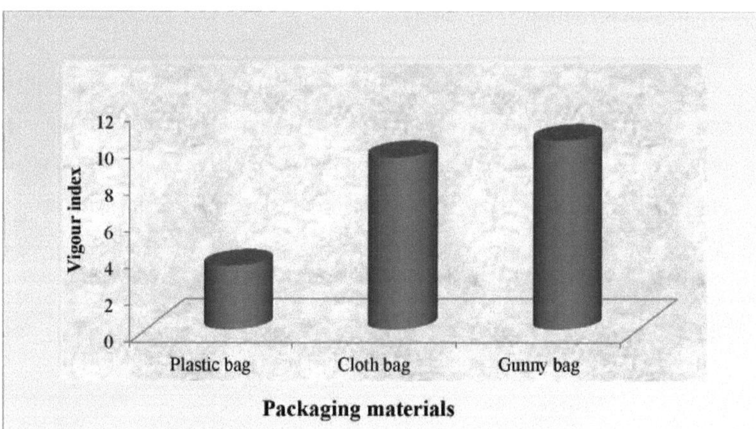

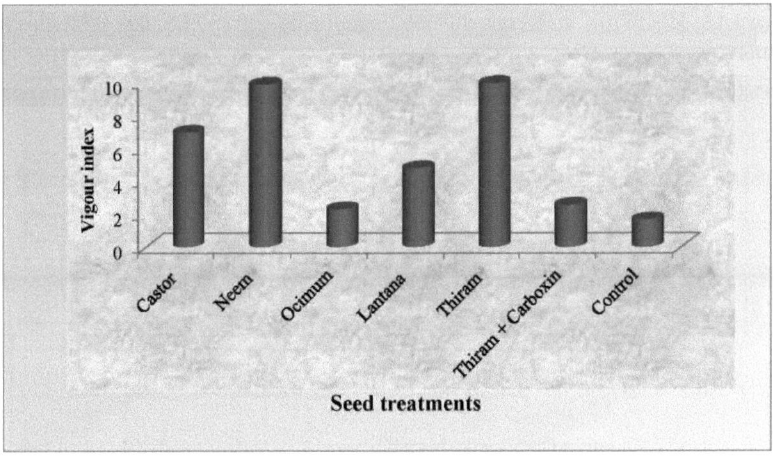

Fig. 8: Percentagem de aumento do índice de vigor a partir do valor inicial a após 8 meses de armazenamento

4.3.4 Efeito no peso das sementes

Os dados relacionados com o efeito de diferentes materiais de embalagem de sementes, tratamento de sementes e a sua interação no peso das sementes (Quadro 4.16) revelaram diferenças não significativas.

Quadro 4.16: Efeito dos materiais de embalagem e do tratamento das sementes no peso das sementes

Sr. No.	Treatment	Seed weight (g)*
(A)	**Packaging materials (P)**	
1	Plastic bag (P_1)	21.84
2	Cloth bag (P_2)	21.53
3	Gunny bag (P_3)	21.44
S.Em±		-
CD at 5%		NS
(B)	**Seed treatment (S)**	
1	Castor leaf powder (S_1)	21.52
2	Neem leaf powder (S_2)	21.15
3	Ocimum leaf powder(S_3)	22.12
4	Lantana leaf powder (S_4)	21.51
5	Thiram (Check) (S_5)	21.13
6	Thiram + Carboxin (Check) (S_6)	21.54
7	Control (Without treatment) (S_7)	22.25
S.Em±		-
CD at 5%		NS
(C)	**Interaction effect (P × S)**	
1	P_1S_1	21.60
2	P_1S_2	21.36
3	P_1S_3	22.58
4	P_1S_4	21.59
5	P_1S_5	21.35
6	P_1S_6	21.71
7	P_1S_7	22.71
8	P_2S_1	21.52
9	P_2S_2	21.08
10	P_2S_3	21.95
11	P_2S_4	21.52
12	P_2S_5	21.06
13	P_2S_6	21.49
14	P_2S_7	22.08
15	P_3S_1	21.44
16	P_3S_2	21.01
17	P_3S_3	21.82
18	P_3S_4	21.43
19	P_3S_5	21.00
20	P_3S_6	21.43
21	P_3S_7	21.95
S.Em±		-
CD at 5 %		NS
C.V. (%)		0.53

*Média de oito meses

CAPÍTULO 5: RESUMO E CONCLUSÃO

O arroz (*Oryza sativa* L.) é o alimento básico mais importante consumido por mais de sessenta por cento da população mundial. No sul de Gujarat, a cultura do arroz é cultivada durante a época kharif e também no verão. Após a colheita, as sementes de arroz são armazenadas para o ano seguinte, e os fungos que infectam as sementes são um dos principais factores de limitação das sementes de arroz durante o armazenamento. Nunca é demais sublinhar a importância de sementes viáveis e isentas de doenças na produção agrícola. As sementes infectadas germinam mal e podem ser uma grande fonte de inóculo para as novas culturas que delas provêm.

Por conseguinte, foi realizada uma investigação sobre a micoflora de sementes de arroz e a sua gestão durante 2015 -16 com o objetivo de conhecer a associação da micoflora de sementes durante o armazenamento e o seu efeito na germinação, índice de vigor com diferentes materiais de embalagem e tratamentos de sementes em variedades populares de arroz.

As amostras de sementes de cinco variedades de arroz, GR-4, GNR-3, GNR-4, Gurjari e NAUR-1, foram adquiridas na época de rabi na estação principal de investigação do arroz da Universidade Agrícola de Navsari para uma experiência destinada a conhecer a associação da micoflora das sementes às sementes de variedades populares de arroz durante o armazenamento a curto prazo.

A micoflora das sementes foi determinada pelo método padrão do papel mata-borrão e pelo método da placa de ágar. Foi registada uma diferença significativa entre os dois métodos. O método do papel mata-borrão produziu uma percentagem mais elevada de micoflora de sementes antes (10,65%) e após 8 meses de armazenamento (67,11%) do que o método da placa de ágar.

Entre as variedades, a micoflora de sementes significativamente mais elevada foi registada na variedade de grão longo e fino NAUR-1, inicialmente (10,12%) e após 8 meses de armazenamento (66,15%). Por outro lado, a percentagem mais baixa de micoflora de sementes foi observada inicialmente (6,78%) e após 8 meses de armazenamento (53,10%). As três variedades restantes, a saber, GR-4, GNR-3 (grão fino) e Gurjari (grão grosso), foram iguais à NAUR- 1.

A interação entre os métodos de isolamento e as variedades também foi considerada significativa. A percentagem mais baixa de micoflora das sementes foi registada na variedade GNR-3 pelo método do papel mata-borrão (51,90%) após 8 meses de armazenamento. Além disso, a micoflora média mais baixa das sementes foi registada na variedade GNR-3 nos métodos do papel mata-borrão e da placa de ágar, respetivamente, com 39,40% e 24,12%. A percentagem mais elevada de micoflora das sementes registou uma tendência crescente na variedade NAUR-1 desde o início até aos 8 meses de armazenamento.

Verificou-se que um total de 3 géneros de fungos estavam associados às amostras de sementes de diferentes variedades de arroz antes do armazenamento. Os fungos associados foram *Aspergillus flavus, Aspergillus niger, Curvularia lunata, Curvularia* sp., *Fusarium moniliforme* e *Fusarium* sp. O fungo *Curvularia lunata* foi o mais predominante, com uma frequência de 25,71%, seguido de *Fusarium moniliforme* (18,10%). *Curvularia lunata, Fusarium moniliforme, Aspergillus flavus* e *Aspergillus niger* foram os fungos mais frequentemente isolados, independentemente das variedades de arroz.

Após 8 meses de armazenamento, verificou-se que o total de 4 géneros de fungos foi isolado com sementes de variedades de arroz. Verificou-se que o número de fungos aumentou durante o período de armazenamento. No total, 10 espécies de fungos, *nomeadamente Aspergillus candidus, Aspergillus flavus, Aspergillus nidulans, Aspergillus niger, Aspergillus* sp., *Cheatomium* sp., *Curvularia lunata, Curvularia* sp., *Fusarium moniliforme* e *Fusarium* sp. Entre eles, o mais predominante foi *Curvularia lunata* (19,46%), seguido por *Fusarium moniliforme* (16,77%). Foi registada uma incidência mínima (6,29%) de *Aspergillus nidulans.* A frequência mais elevada (23,05%) foi observada na variedade NAUR-1 e a mais baixa (17,07%) na GNR-3.

Verificou-se que um total de 3 géneros fúngicos estavam associados às amostras de sementes de diferentes variedades de arroz antes do armazenamento, segundo o método da placa de ágar. Os fungos associados foram *Aspergillus flavus, Aspergillus niger, Curvularia lunata, Curvularia* sp., *Fusarium moniliforme* e *Fusarium* sp.

O fungo *Fusarium moniliforme* (25,93%) foi o mais predominante, seguido por *Curvularia lunata* (24,07%), *Fusarium* sp. (16,67%), *Aspergillus niger* (15,74%), *Curvularia* sp. (10,19%) e *Aspergillus flavus* (7,41%). *Fusarium moniliforme, Curvularia lunata, Fusarium* sp. e *Aspergillus niger* foram os fungos mais frequentemente isolados, independentemente das variedades de arroz.

Após 8 meses de armazenamento, verificou-se que um total de 4 géneros de fungos estava associado às sementes das variedades de arroz. Verificou-se que o número de fungos aumentou durante o período de armazenamento. Foi identificado um total de 10 espécies de fungos, *nomeadamente Aspergillus candidus, Aspergillus flavus, Aspergillus nidulans, Aspergillus niger, Aspergillus* sp., *Cheatomium* sp. , *Curvularia lunata, Curvularia* sp. , *Fusarium moniliforme* e *Fusarium* sp.

Entre elas, as espécies de fungos mais predominantes foram *Curvularia lunata* (21,92%), seguida de *Fusarium moniliforme* (17,47%). A menor incidência foi registada *em Aspergillus candidus* (6,51%). A frequência mais elevada (22,26%) foi observada na variedade NAUR-1 e a mais baixa (17,80%) na GR-4.

A humidade média por cento das sementes mostrou diferenças significativas entre as variedades. A humidade média mais baixa das sementes (11,13%) foi registada na variedade de grão fino GNR-4. As variedades Gurjari, GR-4 e GNR-3 estavam a par da GNR-4. A humidade média mais elevada das sementes (12,90%) foi registada na variedade de grão longo e fino NAUR-1. A maior tendência de aumento foi registada na variedade NAUR-1 e a menor na variedade GNR-4. Os coeficientes de correlação entre as variedades de arroz mostraram uma correlação altamente positiva entre a humidade das sementes e a micoflora das sementes.

Foi observada uma diferença significativa na percentagem de germinação das sementes e no índice de vigor de várias variedades de arroz. A percentagem de germinação das sementes diminuiu durante 8 meses de armazenamento em cinco variedades de arroz. A maior percentagem de germinação de sementes foi registada na GNR-3 (96,16%), seguida da Gurjari (94,41%) e da GR-4 (94,30%). A percentagem mais baixa de germinação de sementes foi registada na NAUR-1 (89,91%). A GNR-4 foi igual à NAUR- 1.

O índice de vigor aumentou durante o armazenamento, tendo o índice mais elevado sido registado nas sementes arrojadas da GNR-3 (1582,69), seguido da Gurjari (1526,58) e o índice de vigor mais baixo foi registado nas sementes finas da GNR-4 (1445,14). A maior tendência decrescente foi registada na variedade NAUR-1 e a menor na variedade GNR-3 e o maior aumento do índice de vigor foi registado na variedade GNR-3 de grão arrojado e o menor na variedade GNR-4 de grão fino.

Verificou-se que a percentagem de micoflora das sementes está correlacionada de forma altamente significativa e negativa com a percentagem de germinação das sementes, independentemente das variedades de arroz. Por outro lado, o índice de vigor mostrou uma correlação altamente significativa e positiva com a percentagem de micoflora das sementes.

Os efeitos sobre o peso das sementes durante o armazenamento nas diferentes variedades de arroz testadas não apresentam diferenças significativas.

Na experiência de gestão, as diferenças significativas entre os materiais de embalagem das sementes, os tratamentos de sementes e as suas interações foram consideradas significativas para a incidência da micoflora das sementes. A menor (25,30%) incidência de micoflora de sementes foi encontrada em sementes armazenadas em sacos de artilharia e a maior (32,40%) em sacos plásticos.

As sementes tratadas com materiais vegetais e fungicidas foram significativamente superiores às sementes não tratadas. A micoflora de sementes mais baixa (19,07%) foi observada nas sementes tratadas com thiram entre todos os tratamentos. Do tratamento de sementes com materiais vegetais, o pó de folhas de nim registou a micoflora de sementes mais baixa (24,01%) em comparação com outros tratamentos de sementes com materiais vegetais. Seguiu-se o pó de folhas de rícino (29,66%) e não houve diferença significativa entre os tratamentos com pó de folhas de nim e de rícino. Mas foi encontrada uma diferença significativa entre o thiram e os tratamentos com materiais vegetais. As sementes tratadas com thiram e armazenadas em sacos de artilharia apresentaram a menor micoflora de sementes (15,65%). As sementes tratadas com pó de folha de nim e armazenadas em saco de artilharia apresentaram menor incidência de micoflora de sementes (19,91%), que foi igual à das sementes tratadas com pó de folha de nim e armazenadas em saco de pano.

A diferença significativa entre os materiais de embalagem das sementes, os tratamentos de sementes e a sua interação foi encontrada para a humidade das sementes. A humidade mais baixa (11,80%) foi encontrada nas sementes armazenadas em sacos de artilharia e a mais alta (12,91%) em sacos de plástico. As sementes tratadas com material vegetal e fungicidas foram significativamente superiores às sementes não tratadas. A umidade mais baixa (12,14%) foi observada nas sementes tratadas com thiram entre todos os tratamentos. Do tratamento de sementes de materiais vegetais, o pó de folhas de nim registou a humidade de sementes mais baixa (12,15%) em comparação com outros tratamentos de sementes de materiais vegetais. Seguiu-se o pó de folhas de rícino (12,27%) e não houve diferença significativa entre os tratamentos com pó de folhas de nim e de rícino. As sementes armazenadas em sacos de artilharia após os tratamentos de sementes, exceto o tratamento de sementes de pó de folhas de ocimum, foram consideradas significativamente superiores às outras combinações.

As diferenças significativas entre os materiais de embalagem das sementes, os tratamentos de sementes e a sua interação foram notadas para a germinação e o vigor das sementes. A germinação mais alta (93,47%) e o índice de vigor (1487,40) foram encontrados em sementes armazenadas em sacos de artilharia. Por outro lado, a germinação mais baixa (88,64%) e o índice de vigor (1302,14) foram observados em sacos plásticos. A germinação de sementes mais alta (93,21%) e o índice de vigor (1523,73) foram encontrados no tratamento de sementes com thiram, que foi igual ao tratamento de sementes com pó de folhas de nim. As sementes tratadas com thiram e armazenadas em sacos de arame mostraram maior germinação de sementes (95,53%) e índice de vigor (1613,57) do que outras combinações de tratamentos. Isto foi igual ao tratamento de sementes tratadas com pó de folhas de nim e armazenadas em sacos de artilharia.

O efeito dos diferentes materiais de embalagem das sementes, do tratamento das sementes e da sua interação no peso das sementes revelou diferenças não significativas.

REFERÊNCIAS

Abeysiriwardena, D. S. D. (1985). Effect of packaging materials and moisture content on the viability of seed paddy. *TropicalAgriculture,* www.agrilearning.goviya.lk/Paddy/Pad dy_Research/Paddy.../PH8.pdf

Agarwal, P.C., Mortensen, C. N. e Mathur, S. B. (1972). Seed-borne diseases and seed health testing of rice. *Phytopathology,* **4**: 106113.

Agrawal, R. L. (1999). Seed Techology.2nd ed. Oxford e IBH Publishing Co., Nova Deli: 87-97.

Ahmed, M., Hossain, M., Hassan, K. e Dash, C. K. (2013). Eficácia de diferentes extractos de plantas na redução da infeção transmitida por sementes e no aumento da germinação da amostra de sementes de arroz recolhida. *Revista Universal de Ciência das Plantas,* **1**(3):66-73.

Alam, S., Seth, R. K., e Shukla, D. N. (2014). Triagem de alguns fungos de isolamento de cultivares de arroz em diferentes locais dos distritos de Allahabad, Varanasi, Mirzapur, Jaunpur e Chandauli em Uttar Pradesh. *Jornal de Agricultura e Ciências Veterinárias,* **7**(8): 67-71.

Amber K., Aijaz A., Immaaelata X., Luqman Ka., e Nikhat M. (2010). Efeito antifúngico do óleo essencial *de Ocimum sanctum* e a sua sinergia com o fluconazol e o lactoconazol. *Phytomedicine,* **1**(12):921- 925.

Anónimo (2012). Wikipédia sobre o arroz, FAOSTAT. https://en.wikipedia.org/wiki/Rice

Anónimo (2013). Declaração que mostra a área, a produção e o rendimento das culturas alimentares e não alimentares no Estado de Gujarat para o ano de 2009-10 a 2011-12, NARP, NAU, Navsari, pp:1-37.

Anónimo (2014[a]). Área cultivada de arroz no mundo de 2008/2009 a 2015/2016. http://www.statista.com/statistics/271969/world-rice-acreage-since- 2008/

Anónimo (2014[b]).Estatísticas e factos sobre o arroz. http: //www.statista.com/topics/1443/rice/

Anónimo (2014[c]).USDA post forecasts India my 2015-15 rice production.http://oryza.com/news/rice-news/usda-post forecasts- india-my-2014- 15-rice-production-104-million-tons.

Anónimo(2014[d]).14th AnnualReport.nfsm.gov.in/Presentations/14NFSME C/Gujarat.pptx

Anónimo (2015[a]). Arroz: Crescimento e rendimento na época de verão. https://www.lappublishing.com/catalog/details//store/gb/book/978-3- 659-64394-1/rice:-crescimento-e-crescimento-na-temporada-de-verao

Anónimo (2015[b]). Valores nutricionais do arroz. http: //www.mehreenrice.com/nutrition.php

Archana, B. e Prakash, S. (2013). Levantamento de fungos transmitidos por sementes associados a sementes de arroz na Índia. *Revista Internacional de Pesquisa em Microbiologia Pura e Aplicada,* **3**(1): 25-29.

ASAE (1986). Medição da humidade - grãos e sementes, S352.1; Medição da humidade - forragens, S358.1.ASAE Standards. The Society: St. Joseph, MI.

Ashfaq, M., Shaukat, M. S., Akhter, M., Haider, M. S., Mubashar, U. e Hussain, S. B. (2015). Comparação da diversidade fúngica de germoplasma de arroz local e exótico *(Oryza sativa* L.) para a saúde de suas sementes. *The Journal of Animal & Plant Sciences,* **25**(5):1349-1357.

Aurangzeb, W., Irshad, G., Mehmood, N., Begum, N. (2014). Micoflora transmitida por sementes associada a lotes de sementes de arroz locais e importados no Paquistão, *Pakistan Journal of Phytopathology,* **26**(02): 241-246.

Baka, Z. A. M., Serag, M. S. e Kardosha, T. A. (2014). Mycoflora associada a algumas sementes armazenadas e seu controle por extrato aquoso de plantas medicinais. *Folhetos de Ciências da Vida,* **57**: 49-62.

Baki, A. A. e Andersen, J. D. (1972). Physiological and biological deterioration of seeds. Em seed biology, Vol. **II**. Academic Press, Nova Iorque.

Barnett, H. L. e Hunter, B. B. (1972). Illustrate Genera of Imperfect Fungi. Burgess Publishing Company Minneapolis, Minnesota, pp: 241.

Bhuiyan, M. R., Rashid, M. M., Khan, M. A. I., Hoque, M., Nessa, B., Rafii, M. Y. e Latif, M. A. (2013). Gestão ecológica de fungos transmitidos por sementes para a produção sustentável de culturas. *Life Science Journal,* **10**(4):1640-1650.

Booth, C. (1971). O Género *Fusarium.* Riqueza comum Mycological Institute, Kew, Surrey, Inglaterra, pp: 237.

Booth, C. (1977). *Fusarium*: Laboratory Guide to the Identification of Major Species. Instituto Micológico da Riqueza Comum. Ferry Lane. Kew, Surrey, Inglaterra: 6-133.

Booth, C. (1998). *Fusarium oxysporum,* descrições CMI de fungos e bactérias. **22**: Folha 221.

Butt, A. R., Yaseen, S. I. e Javaid, A. (2011). Mycoflora transmitida por sementes de grãos de arroz armazenados e seu controlo químico. *The Journal of Animal & Plant Sciences,* **21**(2): 193-196.

Chidambaram, P. S. e Mathur, S. B. (1975).Deterioração de grãos por fungos, *Annual Review of Phytopathology,* **3**: 69-89.

Choudhury, M. M., Rajanna, C. M., Silva, J. A. T. e Balakrishna (2011). Influência de materiais de embalagem e tratamentos de sementes em atributos fisiológicos durante o armazenamento de arroz (*Oryzae sativa* L.).*Global science books,* **5**(1): 15-20.

Domsch, K. H., Gams, W. e Anderson, T. H. (1980). Compêndio de fungos do solo. I. Eching: IHWVerlag. 860 p.**22**: folha 221.

Elangovan, T.V.P., Indira, I. e Kalyanasundaram, I. (1999). Prevalência de AFB1 em farelo de arroz e alguns factores associados. *Indian Phytopathology,* **52**: 129-133.

Ellis, M.B. (1971). Dematiaceous Hyphomycetes. Common Wealth Mycological Institute, Kew, Surrey, Inglaterra.

Ellis, M.B. (1976). Dematiaceous Hyphomycetes. CAB International, Oxon. 507 p.

Fromtling, Ra. (1988). "Overview of medically important antifungal azole derivatives" Clinical Microbiology Reviews, **1**(2):187-212.

Gopalakrishnan, C., Kamalakannan, A. e Valluvaparidasan, V. (2010). Levantamento de fungos transmitidos por sementes associados a sementes de arroz em Tamil Nadu, Índia, *Libyan Agriculture Research Centre Journal International,* **1**(5): 307-309.

Gupta, A. (2010). Tecnologias de armazenamento para aumentar a longevidade das sementes de arroz *(Oryzae sativa* L.) das linhas parentais IR58025A e IR58025B do híbrido PRH-10. *Jornal de Ciências da África Oriental,* **4**(2): 106-113.

Habib, A., Javed, N., Sahi, S. T. e Waheed, M. (2012).Deteção de micoflora transmitida por sementes de diferentes variedades de arroz fino e de curso e sua gestão através do tratamento de sementes. *Jornal de Fitopatologia do Paquistão,* **24**(2): 133-136.

Hafez, S.I.I., Kady, I.A.E.I. Mazen, M.B. e Maghraby, E.I. (2004). Mycoflora and trichothecene toxins of paddy grains from Egypt (Micoflora e toxinas tricotecenas de grãos de arroz do Egito). *Mycopathologia,* **100**:103-112.

Imolehin, E. D. (1983). Fungos transmitidos por sementes de arroz e seu efeito na germinação de sementes. *American Phytopathological Society,* **67**(12):1334- 1336.

Islam, M. S., Rahman, H., Pervez, Z., Mahmud, M. R. e Alam, A. (2012). Estudos sobre fungos transmitidos por sementes em cultivares de arroz cultivados em zonas de maré não salinas de patuakhali e seu efeito na germinação de sementes, *Bangladesh Research Publications Journal,* **6** (3): 286-290.

ISTA (1993). International rules for seed testing, *Seed Science and Technology,* **21**:141-186.

Janardhana, G. R., Raveesha, K. A., Shetty, H. S. (1998). Armazenamento em atmosfera modificada para evitar perdas nutricionais induzidas por bolores no milho. *Journal of the Science Food Agriculture,* **76**(4):573-578.

Kakde, A. M. e Patel, K. G. (2014). Incidência sazonal da broca amarela do caule do arroz *(Scirpophaga Incertulas* Wlk.) em relação aos métodos de plantio convencional e Sri e sua correlação com os parâmetros climáticos. *Jornal de Agricultura e Ciências Veterinárias,* **7**(6):05-10.

Kavitha, R., Umesha, S., Shetty, H.S. (2005). Impacto dependente da dose de fungos dominantes transmitidos por sementes na germinação de sementes e no vigor de plântulas de sementes de algodão. *Seed Science Research,* **33**(2): 187-194.

Khan, A. Z. M. N. A. e Islam, S. (1975). *Colletotrichum lindemuthianum* de *Dolichos lablab* do Bangladesh. *Bangladesh Journal of Botany,* **4**(1- 2): 121-123.

Khan, S.A.J., Khanzada, A.K., Sultana, N. e Aslam, M. (1988). Evaluation of seed health testing techniques for the assessment of seed borne mycoflora of rice. *Pakistan Journal of Agriculture Research,* **9**(4): 502-505.

Khan, T. Z., Gill, M.A. e Khan, M.G. (2000). Fungos transmitidos por sementes de arroz do Punjab central e seu controlo químico. *Pakistan Journal of Phytopathology,* **12**:12-14.

Khanam, M. e Khanzada, A.K. (1989). Doenças fúngicas transmitidas por sementes de arroz em Sindh, Paquistão. *Pakistan Journal of Agriculture Research,* **10**: 302-305.

Khare, M. N. (1996). Métodos para testar sementes para fungos associados. *Indian Phytopathology,* **49**: 319-328.

Kotgire, G. e Patel, S. T. (2014). Frequência e avaliação de fungos em diferentes estágios de formação de grãos e sementes descoloridas de sorgo *(sorghum bicolorl* Moench).Uma revista trimestral internacional de ciências da vida, **9**(1): 243-246.

Kulshrestha, D. D., Mathur, S. B. e Neergaard, P. (1976). Identificação de espécies de *Colletotrichum freesia* transmitidas por sementes. **11**: 116-125.

Leslie J. F. e Summerell, B. A. (2006). O manual de laboratório de *Fusarium*. 1st ed. Blackwell Publishing Professional, EUA: 1-180.

Malone, G. P. e Muskettee, A. E. (1964).Seed borne fungi: Descrição de 77 espécies de fungos. Proc. Associação Internacional de Ensaios de Sementes, **29**(2):180-183.

Mangalarai e Mauria, S. (1999). The Hindu survey of Indian Agriculture. Editora de M/S. Kasturi and Sons Limited, Chennai. pp.39.

Mathur, S. B. e Kongsdal, O. (2003[a]). Common laboratory seed health testing method for detection fungi. Primeira edição. Associação Internacional de Ensaios de Sementes, Bassersdorf, Suíça, pp:425.

Mathur, S.B. e Kongsdal, O. (2003[b]). Common laboratory seed health testing methods for detection fungi. Associação Internacional de Ensaios de Sementes. Suíça, 234-255.

Mazen, M.B., Abdel-Hafez, S.I., El-Kady, I.A. e ElMaghraby, O.M. (1993). Effect of level of relative humidity on fungi and germination capacity of paddy grains in Egypt (Efeito do nível de humidade relativa nos fungos e na capacidade de germinação dos grãos de arroz no Egito). *Qatar University Science Journal,* **13**(1): 81-84.

Miller J.D. (1995). Fungi and mycotoxins in grain implications for stored product research. *Journal of Stored Product Research,* **31** (1): 116.

Misra, J. K., Gergon, E. B. e Mew, T.W. (1995).Storage fungi and seed health of rice: Um estudo nas Filipinas. *Mycopathologia.* 131:1324.

Mohana, D. C., Prasad, P., Vijaykumar, V. e Raveesha, K. A. (2011). Efeito do extrato de plantas em fungos patogénicos transmitidos por sementes de arroz cultivado no sul da Índia. *Journal of Plant Protection Research,* **51**(2):102-106.

Mondall, N. K., Mojumdar, A. S. k., Chatterje, A., Banerjee, J. K. e Gupta, S. (2009). Actividades antifúngicas e caraterização química de extractos de folhas de nim sobre o crescimento de algumas espécies fúngicas selecionadas em meio de cultura in vitro. *Jornal de Ciências Aplicadas e Gestão Ambiental,* **13**(1):49-53.

Nagamani, A., Kunwar I. K., Manoharachary C. (2006). Handbook of Soil Fungi. 1st ed. I.K International Privet Limited. Nova Deli, 436 pp.

Neergaard, P. (1986). Seed pathology, S. Chand & Company Ltd, New Delhi.

Neergaard, P. e Saad, A. (1962). Teste sanitário de sementes de arroz: A contribution to development of laboratory routine testing methods. *Indian Phytopatology,* **15**: 85-111.

Ora, N., Faruq, A. N., Islam, M. T., Akhtar, N e Rahman, M. M. (2011). Deteção e identificação de agentes patogénicos transmitidos por sementes de algumas variedades de arroz híbrido cultivadas no Bangladesh. *Jornal do Médio Oriente de Investigação Científica,* **10**(4): 482-488.

Owolade O. F., Olasoji J. O. e Afolabi C. G. (2011). Efeito da temperatura de armazenamento e dos materiais de embalagem na germinação de sementes e fungos transmitidos por sementes de sorgo *(Sorghum bicolor* (L.) Moench.) no sudoeste da Nigéria, *African Journal of Plant Science,* **5**(15): 873-877.

Paderes, D. E., Mew, T.W. e Ilag, L. L. (1996). Influência do teor de humidade e da duração do armazenamento na invasão fúngica do arroz. *Biotropia,* **10**: 1-13.

Pant, N., Garg, H. S., Madhusudanan, K. P., e Bhakhuni, D. S. (1986). *Fitotetrapia,* 57:302-304.

Rahman, H. M., Fakir, G. A., Rahman, G. M. M. e Islam, M. R. (1998). Inquérito sobre a prevalência da ponta negra do trigo no Bangladesh. *Bangladesh Journal of Plant Pathology,* **4**: 35-42.

Raikar, S. D., Vyakarnahal, B. S., Biradar, D. P., Deshpande, V. K. e Janagoudar, B. S. (2011). Efeito da origem das sementes, dos contentores e do tratamento das sementes com produtos químicos e biopesticidas na capacidade de armazenamento do arroz perfumado cv. Mugad sugandha. *Karnataka Journal of Agricultural Sciences,* **24**(4): 448-454.

Raju, R. A. (2000). Glimpses of rice technology (Vislumbres da tecnologia do arroz). *AgroBios,* Nova Deli. pp. 277.

Ramanadane, T e Rettinassababady, C (2008).Avaliação de diferentes materiais de embalagem para o armazenamento seguro de sementes de arroz em zonas costeiras, *Oryza*, **45**(3): 202-205.

Ramnath, S. B., Mathur e Neergaard, P. (1970). Fungos transmitidos por sementes de feijão-mungo *(Phaseolus aureus* Roxb.) da Índia e sua importância. *International Seed Testing Association,* **35**: 225-241.

Raper, K. B., e Funnell, D. I. (1973). O género *Aspergillus.* Nova Iorque, EUA: Robert E. Kreiger Publishing Co. 686 pp.

Rwangabo, P. C. (1988). Umuhengerin, um novo flavonoide antimicrobialmente ativo de *Lantana trifolia. Jornal de Produtos Naturais,* **51**:966-968.

Siddiq, E. A. (2000). The hindu survey of Indian agriculture. Editora de M/S. Kasturi and Sons Limited, Chennai. Kasturi and Sons Limited, Chennai. Pp. 39.

Singh, I. M., Devi, S. P., Singh, M. S. e Singh, M. T. (2004). Efeito de extractos de plantas na micoflora de sementes de arroz durante o armazenamento. *Indian Phytopathology,* **57**(2):205-207.

Singh, N., Dikshit, A. K., Reddy, B. S. e Kuthe, S. B. (2014). Instabilidade na produção de arroz em Gujarat: Uma análise de decomposição. *Asian Journal of Economics and Empirical Research,* **1**(1):6-9.

Sutton, B. C. (1980). The Coelomycetes, Common Wealth Mycological Institute, Kew Surrey, Inglaterra. P. 696.

Thakur, A. K e Gupta, A. K (2008). Physical losses in bagged paddy grain in open environment (Perdas físicas em grãos de arroz ensacados em ambiente aberto). *Journal of Agricultural Engineering,* **45**(2): 1-8.

Uma, V. e Wesely, E. G. (2013). Fungos transmitidos por sementes de arroz do sul de Tamil Nadu. *Jornal da Academia e Investigação Industrial*, **1**(10):612-614.

Utobo, E. B., Ogbodo, E. N. e Nwogbaga, A. C. (2011). Micoflora transmitida por sementes associada ao arroz e sua influência no crescimento em Abakaliki, Agro-Ecologia do Sudeste, Nigéria. *Libyan Agriculture Research Centre Journal International,* **2**(2):79-84.

Wahid, A., Javaid, M. S., Idrees, M. e Gill, M. A. (2001). Estudos sobre a associação e o efeito de *Fusarium solani* em sementes de arroz em Punjab, Paquistão. In: Proc. 3ª Conferência Nacional de Patologia Vegetal, 1-3 de outubro de 2001. NARC Islamabad: 70-72.

Watanabe, T. (1993). Pictorial atlas of soil and seed fungi, morphologies of cultured fungi and key to species. *Lewis publisher, Washington, D. C.* pp. 168-327.

Watanabe, T. (2002). Pictorial atlas of soil and seed fungi: morphologies of cultured fungi and key to species. CRC Press LLC., pp: 506.

Yeasmin, F. Ashrafuzzaman, M. e Hossain, I. (2012). Efeitos do extrato de alho, extrato de folha de allamanda e Provax -200 em fungos transmitidos por sementes de arroz. *Um Jornal Científico da Fundação Krishi,* **10**(1): 46-50.

CERTIFICADO

Certifico que não tenho qualquer objeção a que seja fornecida a qualquer cientista uma cópia ou parte desta tese para prestação de serviços de referência numa biblioteca ou centro de documentação.

Local: Navsari

Data: 5-JULHO-2016 **(PATEL REENABAHEN A.)**

MIX
Papier aus verantwortungsvollen Quellen
Paper from responsible sources
FSC® C105338

FSC
www.fsc.org

Printed by Books on Demand GmbH, Norderstedt / Germany